ダーウィンの呪い

千葉 聡

講談社現代新書
2727

JN042970

はじめに

終戦からわずか3年後の1948年、分子進化の中立説の提唱者、木村資生《もとお》の師でもあった遺伝学者の駒井卓《たく》は、『日本の資料を主とした生物進化学』と題する著書を出版した。そのなかで駒井は、進化はいまや体系化された科学であり、決して「論」などではなく、従って進化論という呼称は不適切であり、進化学と呼んだほうがよい、と主張した。

宇宙論とか相対論、数論などの言い方があるので、この主張に賛同するわけではないが、意図はわかる。精神論だとか水掛け論だとかと一緒にされては困る、というところであろう。その後のおよそ40年間、日本では実際に進化学が科学というより駒井の懸念通り、ずっと非科学的な「論」と見なされ、またそう見なされるのもやむを得ない歴史があったのを踏まえると、かなり重要な指摘だったのだと思う。

日本で、進化なんてホラ話、年とって進化を口にし始めたら学者としてはもう終わり、と多くの生物学者があざけっていた頃、遺伝学者テオドシウス・ドブジャンスキーは、「進化の光のもとでなければ生物学は意味をなさない」と述べ、その言葉の輝きに日本の進化学者たちは勇気づけられていた。時代は移り、いまや高校生物の教科書（新課程）は、進化の章から始まり、進化の仕組みについて、詳しい解説をのせるようになった。現在では、新しい農作物品種の創出や害虫防除などに進化学の理論は広く利用されている。病気の原因究明や治療法の開発、さらには疫学にも、進化学の知識やそこから導かれた手法が活用されている。進化学は豊かで安全な暮らしの実現に大きく貢献しているのである。

進化学者としては幸せなはずだが、私の心はどうにも晴れない。それどころか、進化という言葉や、淘汰《とうた》、ダーウィンなど、生物進化に関係した言葉を聞くと憂鬱になり、ストレスを感じる機会が増えた。いや逆だ。ストレスを感じる内容のメッセージには、たいてい進化やダーウィンがらみの言葉が入っているのだ。

例えば文部科学省から送られてきた資料には、こんな文字が並んでいる。「教育進化のための改革ビジョン」「進化する国立大学、大学間に競争的な環境を」。

予算確保と生き残りに必死な大学執行部は、「各部局、各教員はもっと進化を、数値指標の向上を」と叱咤の指令を送りつける。

就職活動中の学生たちが見ている企業サイトには、「製品や企業の生存闘争をダーウィンの進化論で」「適者生存は真理、滅びる企業は……」「変化できる者が生き残る——このダーウィンの言葉をモットーに私たちは……」。

ニュースやネットを見れば、「ダーウィンの言うように変化に対応できない企業は淘汰」

「進化論に従いビジネスでも適者生存が進むべき」「ダーウィンがそう唱えたように競争原理の下で進化すべき、それで潰れる大学は自然淘汰」と脅迫のようなメッセージが並ぶ。

まさに「呪い」である。

不思議なことに、そうしたメディアや企業や組織のメンバーの誰かと会って話してみれば、失敗してもいい、自由にチャレンジしようとか、ゆとりをもって助け合うのが大切、などと打って変わって元気の出る言葉が聞こえてくる。なぜ別の場面ではそれと逆の拘束感を滲《にじ》ませたメッセージを出すのだろう。そこで示されるのは、順守しないといけない、ある種の規範である。

みな「呪い」にかけられていて、思いと言葉と態度のメッセージが矛盾する、ダブルバインドな状態なのかもしれない。

かく言う私も学生に、「うまく行かなくてもよい、楽しく自由に研究しよう、結果よりもプロセスだ」と口では言っておきながら、時と場合により、「研究者は生存闘争、結果がすべて」な対応をしたり、「こんな研究を許した覚えはない」と怒ったりと、そうしたダブルバインド的な言葉と態度の矛盾がないわけではない。

これが「呪い」のせいだとすれば、いったいそれはどこから湧き出てきたのだろう。

どうやらこの呪いには三つの効果があるようだ。「進歩せよ」を意味する〝進化せよ〟、

「生き残りたければ、努力して闘いに勝て」を意味する〝生存闘争と適者生存〟、そして、「これは自然の事実から導かれた人間社会も支配する規範だから、不満を言ったり逆らったりしても無駄だ」を意味する、〝ダーウィンがそう言っている〟である。それぞれ「進化の呪い」、「闘争の呪い」、「ダーウィンの呪い」と名付けたい。

呪詛《じゅそ》だの祟《たた》りだのは、古き世を支配した神の摂理の残滓《ざんし》である場合が多く、先祖代々伝えられてきたものなので、歴史を遡って由来を辿るのが、一般的な対処法である。

もちろん由来がわかったところで、呪いを解けるわけでもないだろう。だが言葉にはそれ自体の意味だけでなく、それが生まれた歴史も伝える力がある。だからそうした言葉の魔力の緩和には役立つだろう。何より、新たな魔力に取り憑《つ》かれて呪詛を唱えるようになるのを、多少は防ぐことができるかもしれない。

目次

第一章　進化と進歩

進化に方向性はあるのか

日本の大学生は進化する必要がある、などと私が言おうものなら、私の学生も含めた生物学徒は鬼の首を取ったように苦情を述べるだろう。私の主張に、ではない。進化という言葉の使い方に対してである。

生物学的な進化の意味は、遺伝する性質の世代を超えた変化である。現代のそれは発展や発達、進歩の意味ではない。生物進化は一定方向への変化を意味しない。目的も目標も、一切ないのだ。

そのプロセスの要は、ランダムに生起した変異が自然選択のふるいにかかって起きることである。まずはダーウィンの説明から見てみよう。

「……どんな原因で生じたどんなにわずかな変異でも、ほかの生物や周囲の自然との無限に複雑な関係の中で、その変異が何かの種の個体にとって少しでも有益であれば、その個体の生存につながる。そしてその変異がその個体の子孫に受け継がれるのが普通である。さらにその子孫も生き残る可能性が高くなる。なぜなら、どんな種でも、定期的に生まれる多くの個体のうち、ごくわずかしか生き残らないからである。この、わずかな変異でも、有用であれば保存されるという原理を、私は『自然選択』と呼んでいる。それは、人間による選択の力との関係を示すためである」

　この自然選択の作用で、より高い繁殖率や生存率を持つ変異が、次世代にほかの変異より多くの子孫を残す結果、存在比率を増やしていく。選択によるわずかな変化が蓄積し、少しずつ漸進的に進化する。

　自然選択は、動植物の育種のために人間が行う変異の選抜——人為選択がヒントになっている。だが人為選択と異なり、自然の作用には育種家が抱くような変化の目的や目標はない。ダーウィンにとって、どのような変異が生じるかはランダムであり、どのような性質が有利かは環境によって変わるので、進化は条件次第でどのような方向にも進みうるものだった。つまり進化には発展や進歩のような、あらかじめ定まった方向はない。退化も進化である。ダーウィンは、寄生虫が自由生活者の祖先から進化し適応を遂げた結果、祖先が持っていた器官や能力を失う、つまり退化することが多いとも述べている。

　一定の方向ではなく、あらゆる方向に変化する結果、多様化が進む。現在の生物が、初期の生命と比べて複雑に見えるのは、単純なものから様々な方向への進化で多様性が高まった結果の一部を見てそう思うに過ぎない。現在の地球上に棲む生物種は、すべて共通祖先から枝分かれし、同じ進化の時間を経てきたものだ。だから、その中に祖先的な形質を残した種は存在するが、ある種が別の種の祖先ということはない。

ダーウィンは1837年のノートにこう記している。「ある動物がほかの動物より高等である、と語るのは馬鹿げている」。また友人のジョセフ・フッカーに宛てて、こう手紙に書いている。「神よ、〝進歩する傾向〟というラマルクの馬鹿げた考えから、私をお守りください」。

進化は進歩でも発展でもない、そうダーウィンは考えたのである。ではなぜ生物学以外の分野や一般社会では、進化を発展、発達、進歩の意味で使うのだろう。

まずダーウィンの主張を整理しよう。その要点は、第1に生物の種は神が創造したものでなく、共通祖先から分化、変遷してきたものであり、常に変化する、という主張。第2に、生物の系統が常に変化し、枝分かれする以上、種は類型的な実体ではなく、科や属や亜種と同じく、形のギャップで恣意的に区分される変異のグループに過ぎないという主張。第3に、そうした変化を引き起こした主要なプロセスは自然選択である、という自然選択説の主張である。そしてこの三つに基づいて、生物の進化は何らかの目標に向かう進歩ではなく、方向性のない盲目的な変化である、という主張が導かれる。

「マジック・ワード」エヴォリューション

よく誤解されているが、エヴォリューション——進化（evolution）という言葉を最初に使ったのは、ダーウィンではない。それどころか現在の私たちが進化と表現している現象を、ダーウィンは最初、エヴォリューションとは呼ばなかった。１８５９年に出版した非常に長いタイトルの本（On the Origin of Species by Means of Natural Selection, or the Preservation of Favoured Races in the Struggle for Life——自然選択すなわち生物の闘争における有利な品種の維持による種の起源について、の意）——略称『種の起源』でダーウィンは、最後に「進化する」という動詞形で用いただけで、エヴォリューションという用語は使わず、その代わりにトランスミューテーション（transmutation）という用語を使った。また自らの理論を、「変化を伴う血統の理論」（theory of descent with modification）と呼んでいた。ダーウィンがアルフレッド・ラッセル・ウォレスとともに発表した、進化における自然選択の作用についての論文では、トランスミューテーションすら使わず、それを「変化」としか表現していない。

チャールズ・ダーウィン

　ところが19世紀前半にはすでに、エヴォリューション——進化という言葉は、学術界で一般的に使用されていた。たとえばダーウィンがまだビーグル号で世界一周の航海途上にあった1832年、チャールズ・ライエルは次のように記している。「最初に存在した海洋の有殻アメーバ類のうちのいくつかが徐々のエヴォリューションにより、陸地に生息するものに改良された」。

それはたとえば星雲のエヴォリューションのように、非生物的自然の連続的な複雑化や発達、という意味でも使われていた。また人間社会の進歩にも使われていた。歴史家のフランシス・パルグレイブは1837年に、「立憲主義による私たちの政治形態は、エヴォリューションによって作り出された」と記している。

進歩は光、衰退は闇

もともとエヴォリューションとは、「展開する、繰り広げる」という意味のラテン語、evolutioに由来する語で、コンパクトに折り畳まれていたものが一方向に展開するような現象を表現するのに使われていた。それが転じて17世紀以降、個体発生を意味する語としてエヴォリューションが使われた。当時の前成説の考えでは、精子や卵の中に子供の形のひな型が入っており、次第にそれが展開するのが発生の過程だったためである。

エヴォリューションの考え方自体は、自然主義の出発点——古代ギリシャまで遡る。まずはプラトンが万物にはその物をその物たらしめる不変の本質があるとする本質主義を唱えて、進化のライバルとなる不変の思想のほうが先に誕生する。だが同時にプラトンは、宇宙における秩序の発生という概念を着想した。さらにアリストテレスによって、無生物から植物、動物へと連続する自然観が導かれた。アリストテレスは、自然物の存在に合目的性を認めた。この秩序と連続がのちに「存在の連鎖」——植物から動物、人間へと生命の直線的な秩序を表す自然観へと発展した。これにキリスト教の時間的な変化の概念が融合し、進歩を意味する歴史観となった。アリストテレス以来の目的論を受け継ぐ、一つの目標に向けて進む進歩観である。

進歩を光とすれば、衰退は闇である。西欧には、光が作る影のように、進歩観の裏側にそれとは正反対の世界観が張り付いていた。旧約聖書に記された堕落神話——アダムとイブから続く堕落や、大洪水を箱舟で生き延びたノアの子孫が各地へ移住した後、新しい土地で暮らすうちに堕落していく、といった衰退観である。人類は神による創造以来、堕落し衰退し続けるという世界観、さらにキリスト教の終末論は、逆に西欧の進歩への強迫観念を支えてきた。

18世紀にはフランスのジョルジュ・ビュフォンが、「ときの流れの中で、発達と退化を経て、ほかのすべての動物を生み出した」と歴史的な種の変化の可能性を指摘していた。進歩と退化（堕落）を決めるのは環境の違いだと考えたビュフォンは、生命の活力を低下させる新大陸の気候は、動植物のみならず人間も退化させると説いた。この主張に激怒した米国建国の父、トマス・ジェファーソンは、反論のため米国の自然や動植物を称える活動に力を入れ、巨大なヘラジカの剝製をビュフォンのもとに送りつけた。

ドイツではビュフォンの説が支持を集め、イマヌエル・カントは人種の違いを気候の違いで生じたものだと主張した。

フランスではジャン＝バティスト・ラマルクが１８０９年に、親が環境に応答して獲得した性質が次世代に先天的な性質となって伝わる、という考えで生物の変化を説明した。ラマルクによれば、生物は体の構造をより複雑なものへと進歩させる内的な性質を持つという。環境が大きく変化すると、生物は生き残るために変化しなければならない。脳を持つ動物は意識的に、それ以外の生物は無意識的に、変化した環境に適した性質を獲得しようと努力する。その結果身体に生じた変化は、子に受け継がれ、先天的な性質となって世代を超えて伝えられる。使われない性質は逆に失われる。こうした獲得形質の遺伝による目標に向けた進歩で、生物は祖先から子孫へと徐々に性質が変化していく、と考えたのである。

これに対し、解剖学者・古生物学者のジョルジュ・キュヴィエは、天変地異による種の絶滅と入れ替わりで種構成の歴史的な変遷が起きるとする「天変地異説」を唱え、ラマルクの主張する祖先―子孫の漸進的変化を批判した。

英国では18世紀から19世紀初めにかけて、神の摂理は自然法則の形で作用し、自然の発達を通じてその摂理が実現する、と考える、進化理神論（Evolutionary deism）と呼ばれる主張が広がっていた。生物の個体発生もこうした摂理が作用する例と考えられていた。この進化理神論者の一人で、ダーウィンの祖父、エラズマス・ダーウィンも、１７９１年にエヴォリューションを個体発生の意味で使い、こう記している。「種子から進む動物または植物の幼体の段階的なエヴォリューション」。

進化理神論では、最初は不明確でまとまりのない均質な状態から始まり、それが発達して、複雑でまとまりを持つ秩序ある多様性に至る、と考える。最終的に到達するのは、最大の幸福を実現する理想的な状態である。この進歩・発展の過程がエヴォリューションと呼ばれるようになった。成体という目標に向かって発達するのが個体発生であり、エヴォリューションなので、それを生物の歴史的な変遷に置き換え、個体発生と同じく何らかの目標に向けて発展する現象と見なせば、それはエヴォリューションとなる。

『種の起源』以前のエヴォリューション

19世紀前半には、エヴォリューションは内的な力によって生起する一定の方向に向けた時間的変化や、単純なものから複雑なものへと発達、発展する現象を広く表現する言葉として使われるようになっていた。

1844年に匿名で出版されたロバート・チェンバースの『Vestiges of the Natural History of Creation』は、神の摂理である自然法則のもと、太陽系が形成され、既存の種から新しい種が生まれ変遷して、人間に至る、と主張した。ラマルクもチェンバースもエヴォリューションという語は使わなかったものの、地球上の生命の発展は、あらかじめ決められた目標に向けた首尾一貫した計画の展開であると考えていた点で一致していた。こうした生物の進歩的な変化の考えは、すでに19世紀前半には英国社会でかなりの程度まで受け入れられていた。ダーウィンが『種の起源』で進化の考えを提唱する以前に、エヴォリューションは、様々な現象の発展、発達、進歩や、一つの目標に向かう変化を意味する語として使用されていたのである。

この由緒正しい意味でエヴォリューションの語を使い、宇宙の発達、生物の複雑・多様化、人間と精神の発達、社会の発展・進歩を、自然法則として統一的に説明しようとしたのが、ハーバート・スペンサーである。彼の著書『First Principles』が出版され、世間の評判を得るのは1862年だが、1850年代にはすでにその構想を完成させ、一部を発表している。スペンサーが生物のエヴォリューションを駆動する力として重視したのは、ラマルクの考えである獲得形質の遺伝を主とする内的な力だった。1864年に出版された『生物学原理』(The Principles of Biology)で、適応の要因として獲得形質の遺伝とともに、自然選択を一部だけ取り入れたが、それが適用できる性質の範囲は限られる、と考えていた。

ダーウィンのトランスミューテーションは、このような自然界の秩序ある発展、つまりエヴォリューションを否定するものだったのである。エヴォリューションの語をダーウィンが使わなかったのは、彼が着想したトランスミューテーションが、当時広く使われていたエヴォリューションとはまったく異質なものだと認識していたからだ、と言われている。方向がどのようにも変わりうる生物の変化、目的のない変化というダーウィンの基本的な考えは、革新的なものであったのだ。

その生命史のイメージは、単純な形から出発した生物が、あらゆる方向に枝分かれしながら無目的に変化する結果、時間の経過とともに人間を含む果てしない多様性が生まれていく、というものだった。『種の起源』の末尾は、動詞形ながら本中で唯一の、進化する、という言葉を使い、こう締めくくられている。

「こんな壮大な生命観がある――生命は、最初一つか少数の形のものに吹き込まれた。そしてこの惑星が重力の法則に従い回転している間に、非常に単純な始まりから、最も美しく、最も素晴らしい無限の姿へと、今もなお、進化しているのである」

ダーウィンは、秩序ある発展ではなく、果てしなく広がり、あらゆる方向に変わり続ける命の、あてのない旅を、目標なき「展開」の意味で進化する、と描写したのだろう。

ダーウィンの揺らぎ

だが、ダーウィンが方向性のない進化にこだわり、進化を進歩と見る考えを常に拒否していたかというとそうでもない。ダーウィンの記述にはぶれが見られる。たとえば『種の起源』で、自然選択により「すべての身体的、精神的資質は完全に向かって進歩する傾向がある」と記している。また前述の結語の直前には、「こうして、自然の戦争、飢饉、死から、私たちが想像しうる最も高貴な対象、すなわち高等動物の創出が直接もたらされるのである」と書かれている。

ダーウィンは、のちに獲得形質の遺伝の考えも大幅に取り入れ、方向性のない変化の主張も後退させていった。それに合わせるかのように、エヴォリューションという語を使用するようになった。

歴史家のピーター・J・ボウラーは、生物学者としてのダーウィンは進化を方向性のないものと認識していたが、社会哲学者としてのダーウィンは進化を進歩の意味で説明した、と述べている。自説が社会に受け入れられるには、19世紀英国社会の進歩主義に貢献できるものでなければならない、と考えていたためだという。自然選択説という自説の核を守るため、それに付随するはずの進化の無方向性を犠牲にしたというのである。ただし、ダーウィンは部分的には進化を発達や進歩と見ていたと指摘する研究者もいる（章末註1）。

いずれにせよ、方向性のない進化というダーウィンの革新的なアイデアは、ダーウィン自身がのちに封印してそれほど強く訴えなかったこともあり、当時は社会的にもあまり意識されなかった。だからダーウィン進化論が、当時の社会の進歩観に衝撃を与えたわけでも、それと対立したわけでもない。それどころか社会はそれを進歩主義の推進力に利用したし、ダーウィンもそれを利用した。

その結果、ダーウィンのトランスミューテーションとエヴォリューションは同義となった。

20世紀半ば以降、自然選択を中心に据えた進化の総合説が広く定着し、改めて生物進化が当初のダーウィンの主張通り、方向性のない変化の意味で理解されるようになったときには、生物学者はみなそれを本来違う意味だったはずのエヴォリューションの語で呼ぶようになっていたわけである。

19世紀の世界観が生み出した「進化の呪い」

現在でも生物学以外の世界では、自然現象、事物、社会の発展や発達、進歩の意味を表す語として、エヴォリューション――進化が使われているが、生物学者の中にはそれを誤用だと指摘し、批判する者がいる。しかし歴史的な経緯を考えればそちらが本来の意味に近く、生物学での意味が異端なのである。生クリームが入っていないカルボナーラなんて偽物だとイタリアで主張するようなものである。天文学者のエドワード・ハリソンは逆にそうした生物学者を批判し、こう述べている。「生物学者はエヴォリューションという言葉を捨てて、その言葉を、本来の（一方向への）〝展開〟という適切な意味で使っている天文学者に任せるべきだ」。

ただ、逆に言えば、本来の意味、とは、19世紀の西欧社会の世界観を色濃く残す意味、とも言える。ボウラーを始め多くの歴史家は、「ダーウィニズム」は19世紀後半において、ほとんど必然的に進歩主義的な意味を持つものであり、中産階級の競争による権力獲得を正当化する思想と合流した、と指摘している。つまり「進歩せよ」を意味する「進化の呪い」は、生物の変遷も人間社会の発展も、それが神の摂理であれ自然法則であれ、共通の法則に従うひとくくりの進歩として捉えられた、19世紀欧米社会の世界観であると言ってよい。その世界観は、恐らくはギリシャ時代に端を発し、キリスト教の終末論的概念を負の推進力として強化され、啓蒙時代の英国を覆っていた、進歩史観に由来するものだ。進歩のために、自助努力を重視し競争を許す思想は、プロテスタントの労働倫理が影響したものであろう。

「進化の呪い」は生物学の原理を社会に当てはめて生まれたものではない。初めから自然、生物、社会をあまねく支配し、進歩を善とする価値観として存在していたものである。そして当初のダーウィンの意志が生物の進歩を否定するものだったにもかかわらず、社会も人も進歩すべきであるという規範と、人々の競争とその結果を正当化するために、神の摂理をダーウィンの名に置き換えて生まれたのが、「ダーウィンの呪い」――「ダーウィンの進化論によれば……」だったのである。神の教えに代わり、人々に教えの正しさ、規範の重要さを認めさせる「託宣《たくせん》」、あるいは「ブランド」とも言えるだろう。

現代の生物学では「エヴォリューション――進化」を発生や変態はもちろん、進歩の意味では使わない。プロセスに合目的な要素を前提としないうえに、進歩には科学と峻別すべき価値観が含まれるからである。仮に進歩から価値を切り離せるとしても、スティーヴン・ジェイ・グールドの言葉を借りれば、「自然選択理論の必要最小限な仕組みは、局所的に変化する環境への適応についてしか語らないので、進歩の根拠を与えない」のである。

だが、実は生物学者の間でさえ、この「生物進化は進歩ではない」という理解が広く定着するまでには、総合説の成立以降も紆余曲折の道のりがあった。

そこで本書では進歩か否かにかかわらず、「進化」を単に遺伝する性質の世代を超えた変化の意味で使用する。ときに進歩を含意する語としてそれを用いる場合があるが、そこは歴史的な経緯を踏まえた事情ゆえと、許容していただきたい。

心強い味方ジョサイア2世

二十歳そこそこのダーウィンにとって、父親の反対は致命的であった。1831年、ビーグル号航海に誘われた喜びもつかの間、行く手に厚い壁のように立ち塞がる父親の説得は無理そうだ、と判断したダーウィンは、航海参加への誘いを一度断っている。参加費用の一部負担も求められた父親の立場にしてみれば、反対するのは当然だったかもしれない。エディンバラの医学校で医師を目指していたはずが、途中でやめてしまうし、このままでは放蕩者《ほうとうもの》になってしまうと心配して、牧師になれるよう手配してケンブリッジに送ってみれば、意味不明な妄想を語りだす。そんなダーウィンに対して、甚だしく気分を害した父親は、およそ8項目の反対理由を突き付けた。例えば、荒唐無稽な計画だとか、だからどの学者にも断られてお前のところにお鉢が回ってきたのだとか、聖職者にふさわしくない人物と見なされ、この先安定した職に就けなくなり、暮らしに困るとか、いちいちもっともな理由であった。

それでも諦めきれないダーウィンは一縷《いちる》の望みをかけて、母方の叔父、ジョサイア・ウェッジウッド2世の自宅を訪れ、相談を持ち掛けた。「ウェッジウッド」は、英国最大の陶器メーカーだが、ジョサイア2世はその創業者の息子である。丸一日かけてダーウィンの話を聞いたジョサイア2世は、ダーウィンの気持ちを理解し、父親宛に説得の手紙を書いた。8項目の反対理由一つ一つに、丁寧に反論して、翻意を促す手紙を書いたのである。心強い味方を得て意を強くしたダーウィンは、ジョサイア2世の手紙を添え、改めて父親に、航海参加の許しを願う手紙を送った。

若き日のダーウィン

「また不快な思いをさせてしまいそうですが、それでも航海の申し出についてもう一度私の意見を述べることをお許しいただけると思います。理由は、ウェッジウッド家の意見が、あなたや姉さんたちとは違うからです……、親切にしてくださったジョサイア叔父さんに心から感謝しています。私をとても気にかけていただいたことは忘れません。私を信じてください。親愛なる父へ」

結局父親は折れ、ダーウィンは晴れてビーグル号の航海に臨むことができたのである。

もし、この時ジョサイア2世の協力がなかったら、そしてダーウィンがビーグル号への乗船を諦めていたら、その後の世界はどうなっただろうか――これは科学史家がたびたび取り上げるパラレルワールド談義の一つである。確かに5年間に及ぶ世界一周の探検を経験していなければ、ダーウィンが生物の「種」を、神の創造物ではない、と確信し、進化論の構築に邁進することはなかっただろう。進化論をめぐる歴史の中で、ビーグル号航海は確かに最も重要なターニングポイントである。しかしアルフレッド・ラッセル・ウォレスもほぼ時を同じくして自然選択の着想に至った点を踏まえれば世界の大勢も、そこから派生したストーリーも、大筋はさほど変わらなかったのでは、という意見が強い。ただし、物語に関わった役者の顔ぶれは、大幅に入れ替わったはずである。

ダーウィンに影響を与えた経済学者たち

それはさておき、ビーグル号の航海を終えてロンドンに戻ったとき、ダーウィンは航海中に見たもの、経験したものは、創造説よりも進化を考えたほうがより矛盾なく説明できるという結論に達していた。それから時間をかけて思索を深め、進化と自然選択の考えを洗練させていった。

ダーウィンが自然選択の理論に辿り着く過程で、影響を受けたとされる経済学者がいる。アダム・スミスである。18世紀、古典的自由主義を主導したスミスは、経済に対する政府の介入を極力減らすことにより、市場における自由競争によって生産性が高まると唱えた。市場経済においては、各個人が自己の利益を追求すれば、結果として生産性は高まり、社会全体でバランスがとれ、最適な利益の配分が達成される、というわけである。

こうした利己主義の効果や社会に作用する「見えない手」を生物の世界に置き換えると、自然選択の考えに接近する。またダーウィンは大学生のときにスミスの書を読んでいた。しかし、実際にそれがどれだけ影響したかは、はっきりしていない。また進歩論者であったスミスと、ダーウィンの方向性を持たない進化の考えには、実は大きな違いがあった。スミスは、自由な経済活動、つまり自由競争により、社会は段階を経て最善の状態へと進歩する、と考えていたのである。自然神学に従い、神の設計の一部である不変の法則により、社会はあらかじめ定められた目標に向けて進むのである。

ダーウィンへの影響がよりはっきりしている経済学者がトマス・マルサスである。

マルサスは神の摂理のもとで、「人口増加」と「死亡」のバランスをとる自然法則が存在すると考えた。マルサスによれば、何も抑制するものがなければ、人口は人間の欲望のために指数関数的に増加する。この増加を抑える要因のうち、不幸と悪徳は最も強力で、たいてい貧しい人々を食糧不足で餓死させる。マルサスは、こうした貧困層や下層階級に不利な「生存闘争」(struggle for existence)により、人口増加とその抑制による減少という無限のサイクルが続く、と見なしていた。

ダーウィンはこの考えに人為選択による育種の考えを結びつけ、自然選択の理論を導く基礎にした。ダーウィンは『種の起源』で、生存闘争という言葉をそのまま導入し、その効果について「これはマルサスの学説を動物界と植物界全体に多面的に適用したものである」と説明している。

だが、ダーウィンの生存闘争は、マルサスの過酷で血みどろの生存闘争とは必ずしも一致していない。ダーウィンはこう記している。

「私は、生存闘争という言葉を、ある存在がほかの存在に依存することや、子孫を残すための成功も含む、大きな比喩的な意味で使っていることを前提にしておく。(中略)砂漠の端に生える植物は、旱魃《かんばつ》に対抗して生きるために闘っていると言える。ヤドリギは鳥によって広められるので、鳥に依存している。その場合、鳥を誘惑してほかの植物の種子ではなくヤドリギの種子を食べさせるために、ほかの実のなる植物と闘っている、と比喩的に言えるかもしれない」

ダーウィンは自然選択が作用する個体間の相互作用や環境との関係を比喩的に、「生存闘争」と呼んでいるので、これを文字通りの意味だけで受け取ってはならないのである。生存をかけた闘争という文字通りの意味だけでなく、例えば共生や協調行動のような、生存闘争とは対照的な振る舞いも、それが子孫の多寡に関わるならば、ダーウィンの生存闘争に含まれる。厳しい環境に耐えるという意味もあるし、生物が互いに、あるいは環境に依存しているという間接的な意味まで含むのである。また生存闘争は生存競争とも訳されるが、要素として競争も含まれるものの、生態学で使われる競争とも、また人間社会で一般に使われる競争とも同義でない点にも注意が必要である。

『種の起源』では、これら異なる意味が意識的に使い分けられている。闘争的な要素が「自然の戦争」という戦闘的な意味合いで使われる場合と、「すべての生物の相互関係」のように、対立とは逆の状態、つまり生物間の協力関係の意味で使われる場合がある。

さて、マルサスは人口の指数関数的な増加のために、スミスが予想するような豊かな社会は実現せず、進歩はありえない、と結論していた。実際、19世紀半ばには貧富の差が拡大し、格差が社会不安を引き起こし始めていた。そこで英国の進歩論者にとっては、技術の進歩と食糧生産の向上でいかにこの問題を解決し、危機を乗り切るかが重要な課題となったのである。政府は小さな政府による自由競争の政策を続けるか、それとも福祉政策の導入や格差の是正を図るべきかどうかが問われていた。

虚無の世界観

マルサスの考えを導入しつつも、ダーウィンが想定する自然選択は、マルサスの過酷な競争のイメージとはかなり異なる。

例えば、体の大きさなど、餌の取り合いに有利な性質を獲得するには、成熟するまでに長い時間を必要とするような場合、環境条件によっては体が小さい代わりに少ない餌で早く成熟でき繁殖率の高い個体のほうが、次世代に子孫を残すうえで有利になりうる。この自然選択が作用し続ければ、集団の成員は世代の経過とともに小さくなるだろう。もしも餌を奪う力の強さより、ほかの個体や生物との協力関係を結ぶ能力のほうが、生存率と繁殖率の向上に大きく寄与する環境条件なら、協力関係を結ぶ個体の比率が世代とともに増えるだろう。要するに、絶対的な優劣も強弱もないし、理想的な性質もない。そもそもそうした価値観とは無関係なプロセスである。

ただしダーウィンは『種の起源』では、恐らく読者へのわかりやすさを追求したために、自然選択に有利な個体をまとめて雑に「強い者」と表現したりしているので、説明に矛盾を生じる部分があり、逆に誤解を招きやすいものになっている。

ダーウィンは政治的には自由主義者だったとされる。しかし少なくとも最初の時点では、その進化論は進歩を前提とする19世紀における古典的自由主義の考えとも一線を画していた。本来のダーウィンの進化論は、進歩を否定する。行き当たりばったりと偶然でしか行き先が決まらないので、未来がどうなるかは誰にもわからない。その未来は今より多少ましかもしれないし、逆に悪夢のようなぞっとする世界が待ち構えているかもしれない。この虚無の深淵をのぞき込むような恐ろしい世界観は、進歩が幸福な未来を実現すると信じる進歩史観とは相容れないものだ。進歩——光を信じられなくなれば、彼らには堕落とこの世の終末——闇が待っている。努力、勤勉を旨とするプロテスタントの倫理観を背景に、世界は理想的な未来に向かうと信じる19世紀英国、米国の人々は、そんな堕落へと転げ落ちる「虚無の世界観」には耐えられなかったはずである。

もしかすると「進化の呪い」は、本当はもっと恐ろしい悪魔を封印しておく護符のようなものだったのかもしれない。

自然選択の仕組み

2017年、日本遺伝学会は用語を変更し、変異（variation）を多様性（ないし変動）に、突然変異（mutation）を変異と呼ぶようになった。変異・突然変異の語を変えること自体には大賛成なのだが、困ったことに遺伝的変異（genetic variation）と遺伝的多様性（genetic diversity）は意味の違う別の語である（章末註2）。新課程の高校生物教科書でも用語を変更していないので、本書でも従来通りvariationを変異、mutationを突然変異と呼ぶことにする。

現代の生物学では、生物進化の要因は主に突然変異、自然選択、遺伝的浮動で、他にも多くの要因が関わると考える。これは20世紀になり、メンデル遺伝と自然選択説が結びつき、遺伝的浮動の効果も加え定式化された、進化の理論が基礎となっている。それぞれ異なる形で進化を説明していた遺伝学、分類学、古生物学を、自然選択など共通の進化理論で結びつけた総合説が成立し、それに分子進化や発生学、ゲノム科学の新しい知識が加わって現代の進化学が導かれた。

遺伝のメカニズムがわからなかったダーウィンは、晩年に遺伝の仕組みとしてラマルク的な獲得形質の遺伝を大幅に取り入れてしまった。ダーウィンが想定した遺伝の仕組みはパンゲン説と呼ばれるもので、体全体の細胞から排出された微粒子が全身を巡ったのち、生殖巣に集まり、卵や精子を介して次世代に遺伝するというものだった。この遺伝する微粒子が親の性質を子に伝える。もし環境変化によって親の細胞が変化すれば、変化した微粒子が子に伝わる。従ってラマルク的進化が起こりうる仕組みになっていた。

現在では、獲得形質の遺伝は否定されているので、ダーウィンの考え方と、そこから発展した現在の考え方とでは、遺伝に関する部分に大きな違いがあることを意識しておく必要がある（ＤＮＡのメチル化のような事例は獲得形質の遺伝の例とされる場合があるが、歴史的に見てラマルキズムとは系譜にも概念にも大きな差があり、ラマルク的進化の例とは言い難い）。そこで先に現在の一般的な進化の仕組みを説明しておこう。

生物が示す色や形など個体変異の多くは、次世代に遺伝するが、それを司るのが遺伝子で、その遺伝情報を担う分子がＤＮＡである。突然変異はＤＮＡの塩基配列を変えたり、ＤＮＡを収める染色体の構造を変え、遺伝的な変異を作り出す。

特定の遺伝子が存在する染色体上の位置を遺伝子座といい、同じ（相同な）遺伝子座を占める二つの遺伝子のそれぞれを対立遺伝子という。突然変異は異なる対立遺伝子を作り出し、遺伝子レベルの変異やそれを反映した様々な性質の変異を集団に供給する（章末註３）。

ある対立遺伝子を持つ個体のほうが、それを持たない個体より生存率や出生率が高いとき、次の世代には集団の中でその対立遺伝子を持つ個体の割合が増える。これが自然選択の効果である。これらのプロセスが何世代にもわたって続くと、その対立遺伝子の割合が最初の時点とは大きく変わり、集団の平均的な個体の性質も変わる。その結果が適応である（適応はその過程を意味する場合もある）。

もう少し詳細に自然選択の効果を見てみよう。まずは用語から。

対立遺伝子の組み合わせを遺伝子型といい、それが表す形質を表現型という。そしてそれらを持つ個体が残す次世代の平均子孫数を適応度と呼ぶ。例えばある表現型または遺伝子型を持つ個体に子が生まれ、そのうち一部が生き残り、成熟齢まで達したとしよう。この平均子孫数を絶対適応度と呼ぶ。平均して5頭生まれて3頭が性成熟前に死亡する場合、絶対適応度は2である。適応度は出生率と生存率の積でも表現できる。この場合、出生率5、生存率0・4なので、絶対適応度は5×0・4＝2となる。

ほかの表現型または遺伝子型の絶対適応度（集団の平均の絶対適応度を使う場合が多い）を1としたときの絶対適応度の相対値を相対適応度と呼ぶ。もし基準となる型の絶対適応度が2・5だったとすると、前記の型の相対適応度は2／2・5＝0・8である。

では次に自然選択の効果を見てみよう。有性生殖を行う生物で、メンデル遺伝に従う、ある遺伝子座を占める二つの対立遺伝子A、aがあるとしよう。体細胞ではそれらの遺伝子型はホモ接合のAAとaa、ヘテロ接合のAaである。対立遺伝子aの頻度が0・5のとき、集団の個体数が十分大きくハーディ・ワインベルク則※に従うなら、遺伝子型AA、Aa、aaの頻度はそれぞれ0・25、0・5、0・25である。ここで、これらの遺伝子型の相対適応度がそれぞれ1・0、1・0、0・8だったとしよう。すると次世代の遺伝子型aaの頻度は0・21、対立遺伝子aの頻度は0・47となり減少する。世代が繰り返されれば対

※ハーディ・ワインベルク則……有性生殖を行う十分大きな集団の遺伝子プールで自由な交配が行われる場合、（自然選択や突然変異がなければ）対立遺伝子および遺伝子型の頻度は一定に保たれる、という原則。詳細は第六章で解説

立遺伝子aの頻度は減り続け、最終的にほぼ0となり、集団は対立遺伝子Aで占められる。集団の平均適応度は上昇し、高止まりする。これが自然選択の効果である。

ただし自然選択は常に遺伝的変異を減らすとは限らない。たとえば遺伝子型AA、Aa、aaの相対適応度がそれぞれ0・9、1・0、0・8のときには理論上、対立遺伝子aの頻度が0・33になったところで、次世代で頻度が変わらない平衡状態になり、集団に対立遺伝子Aとaがともに一定の割合で維持される。このようにヘテロ接合がいずれのホモ接合より適応度が高い状態を超顕性《ちょうけんせい》（超優性）と呼ぶ。

しかし集団の個体数が少ない場合には、対立遺伝子頻度に偶然の効果が強く働く。たとえば交配が特定の遺伝子型間に偶然偏る、子世代が親の対立遺伝子を偶然偏って受け継ぐ、などの理由で対立遺伝子頻度が世代とともに変化する。これが遺伝的浮動の効果である。この効果は時に有害な変異の頻度を高め、集団の平均適応度を下げる要因になる。

以上は表現型が単純な一遺伝子座で支配される場合だが、例えば体サイズのような連続的な形質は、一般に多数の遺伝子座で決められている。その変異は複数の遺伝子座の複数の対立遺伝子の効果が合わさったものになる。なお体サイズは、食物の量や気温などの影響で後天的に決まる部分もあるが、それについてはここでは無視する。また遺伝子発現は一般に複数の遺伝子が制御に関わるうえに、ゲノムのDNA配列にメチル化やヒストン修飾などを施して制御する仕組みがある。こうしたエピジェネティックな制御も関わるので、遺伝子レベルと表現型レベルの関係は非常に複雑であるが、ここではわかりやすくするため、単純なケースを考える。

個体の出生率と生存率の積を適応度（絶対適応度）としよう。表現型を体サイズとしよう。（1）体サイズがより大きい個体がより適応度が高い場合、それに関与する対立遺伝子の割合が世代の経過とともに増えるので、集団のメンバーは大型化していく。（2）もし中間的な体サイズの個体の適応度が低いとき、集団のメンバーは大型と小型に二極化する。（3）逆に中間的な体サイズの個体の適応度が高いとき、集団のメンバーの平均的な体サイズは変化せず、ほぼ一定に保たれる。これらすべてが自然選択の効果である。この3タイプの自然選択はそれぞれ、方向性選択、分断性選択、安定化選択、と呼ばれる。

環境条件は変動するので、適応度と表現型の関係も変化する。たとえば表現型として、枯葉にカムフラージュした昆虫の体色を考えよう。淡色と濃色の多型があるとする。捕食者の鳥は昆虫のカムフラージュを見破ると、その体色を学習する。集団中で淡色タイプの頻度が高ければ、鳥がそれに遭遇する確率も高く、学習の機会も多い。すると鳥に覚えられた淡色タイプは、すぐ見つかり食われて不利となり、適応度が下がって自然選択で頻度を減らす。ところがその結果、濃色タイプより頻度がずっと下がると、今度は学習される機会が減り、捕食されにくくなって、適応度が上がり頻度が上がる。こうしたシーソーのように頻度と適応度が反比例する自然選択のプロセスを、負の頻度依存選択と呼ぶ。このように、同じ表現型でも条件によって適応度は変化し、有利・不利も逆転するのである。

自然選択は重要なプロセスではあるが、自然界で実際に作用している進化のプロセスは多彩であり、状況により主となる作用も異なる。突然変異の偏り、ゲノム構造や遺伝子制御ネットワークの性質は、進化的変化の促進・抑制要因となる。ゲノム中を移動するDNA（転移因子）の影響もある。個体数が極端に多くない限り、偶然による遺伝的浮動の効果は対立遺伝子の割合や表現型に変化をもたらす。また集団間の交雑や、分類群間で遺伝子の水平移動があると、子孫の適応度に影響したり、新しい性質が現れる場合がある。

集団に変異がある場合、自然選択、遺伝的浮動、交雑などの作用で、集団の平均的な表現型は世代ごとにいつも変化している。ちょうど海に浮

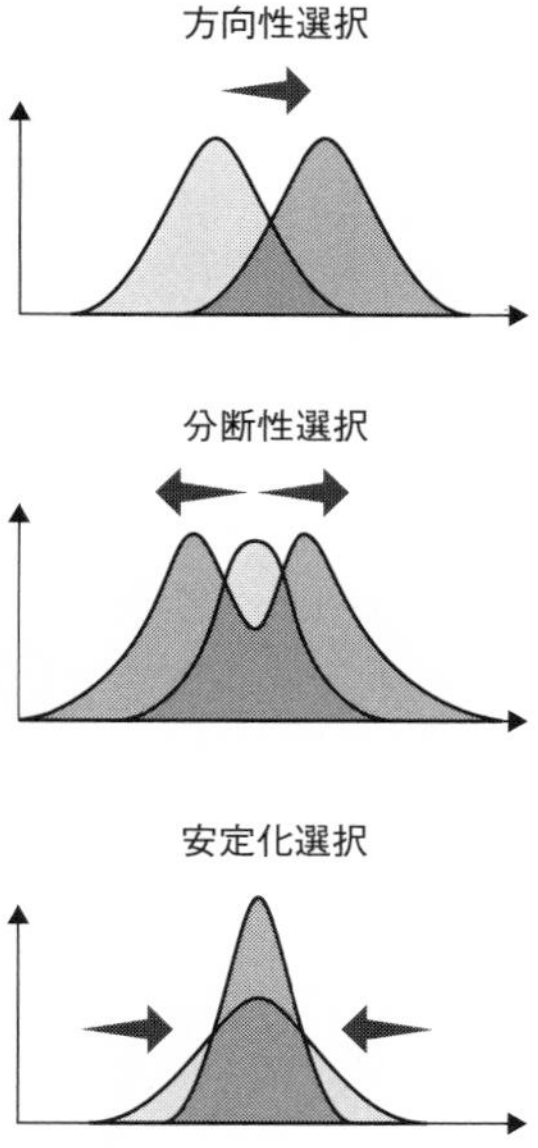

自然選択の３つのタイプ

かぶ筏《いかだ》のようなもので、どんどん流れていく場合もあれば、行きつ戻りつする場合もあり、何かに引っかかって同じところで揺れ動いている場合もある。

遺伝的な支配を受け、変異を生む性質であれば、このプロセスは必然的に作用する。人間であれ植物であれウイルスであれ、自己複製し、かつ複製時にエラーが生じる存在は、このプロセスから逃れることはできない。変異がある限り、進化はいつでも起きている。

自然選択で「人間らしさ」は生まれるのか

1871年、ダーウィンは『種の起源』に続く2冊目の大著『人間の由来』(Descent of Man, and Selection in Relation to Sex)を出版した。「人間はその肉体に、卑しい起源を示す拭い去れない刻印を刻んでいる」。こんな表現を使ってダーウィンは、人間と動物が進化的に連続した存在であると説いた。

人間と動物をつなげる鍵とダーウィンが考えていたのが、この著書で提唱した性選択である。多くの生物で、雄は配偶者となる雌を巡ってほかの雄と争い、雌は好みの性質を持つ雄を配偶者に選ぶ。闘いにより有利な性質や雌をより惹きつける性質が選択される結果、そうした性質が著しく発達する。前者ならヘラジカの大きな角、後者ならクジャクのカラフルな体色と長い尾がその例である。ダーウィンはこの考えを人間にも適用したため、物議をかもす結果になった。

性選択はダーウィン以降ほぼ無視されていたが、1930年頃から改めてモデル化され、20世紀後半には洗練された理論で説明されるようになった。現代では様々な動植物で、配偶行動や性的形質の遺伝的背景が解明され、その進化を裏付ける性選択が検出されている。

だが『人間の由来』のなかでダーウィンが試みたのは、動物としての人間を説明することだけではなかった。人間らしさ——知性、道徳など人間の精神活動と人間社会を、生物界と共通の進化プロセスで説明しようとしたのである。ダーウィンはこう記している。

「愛国心、忠誠心、従順さ、勇気、同情などの精神を高度に備え、常に互いに助け合い、共通の利益のため自己を犠牲にできるメンバーを多く含む部族は、ほかのほとんどの部族に対して勝利を収めるだろう。これは自然選択である。世界中のどの時代でも、部族はほかの部族に取って代わり、道徳は彼らの成功の重要な要素の一つである。従って道徳の水準と道徳的な人間の数は、どこでも上昇し、増加する傾向にある」

人間社会と生物の進化は、ダーウィン以前から一体的に捉えられてきたが、ここで初めて、人間と社会が持つ性質の進化がともに自然選択で説明され、自然選択が作用する単位が、個体から集団に拡張された。前述のダーウィンの説明では、部族、つまり集団間の闘争による生存率の違いを、自然選択と捉えている。このプロセスでダーウィンが進化すると考えた性質が、「道徳」だった。

集団選択と「呪い」の融合

20世紀初めまで、個体と同じく集団を自然選択の単位とみる考えは、自然選択説の支持者に広く受け入れられていた。しかし当時は個体と集団の区別が曖昧で、集団に対する考え方も単純だった。そのため集団として民族から国家までが自然選択の対象とされ、国家のための自己犠牲や帝国主義の正当化に利用された。

民族間、国家間の関係を闘争とみる考えは古くからあったが、それが自然選択に置き換えられた結果、もともと社会に取り憑いていた「闘争の呪い」に、粗雑な自然選択説が融合し、その正当化のために「ダーウィンの呪い」が紐づけられたのである。

しかしこうした単純で曖昧な集団選択は、20世紀半ば、総合説の成立とともに誤りであるとわかり、姿を消した。また集団選択自体、作用しうる条件が極端に限られているとされ、1960年代には受け入れられなくなった。

その後、新しい集団選択の様式として、マルチレベル選択が提唱された。遺伝子、細胞、個体、集団など生物の複数のレベルに、自然選択が同時に作用しうるというもので、主に二つのモデルがある。

一つ目は、特定の性質に注目する。例えば越冬地でいくつもの群れをつくって過ごす渡り鳥を考えよう。群れの中には、見張り役、という性質を持つ遺伝子型がいたとする。見張り役は、採餌《さいじ》効率の低下や捕食者に狙われるリスクなどの不利益にもかかわらず、捕食者を警戒し、見つけたら仲間に知らせる。こうした利他的タイプは利己的タイプに対し、群れの中では生存、繁殖に不利だ。しかし利他的な見張り役が多い群れは、捕食者の攻撃自体を事前に回避できる。その結果、そうした群れに属する個体は生存率が高まる。次に群れが解消され、繁殖地に移動して次世代が生まれたとしよう。もし群れに作用した利他的タイプに有利な選択の効果が、群れの内部で作用した利己的タイプに有利な選択の効果を全体として上回っていれば、子孫全体では利他的タイプの比率が増す（タイプ1）。

これに対し、もう一つのモデルは、集団が集団を複製すると考える。この場合、自然選択は集団の存続や複製に差を生じるのである（タイプ2）。

前者（タイプ1）は、細菌、昆虫、植物、鳥類など、様々な分類群で操作実験による実証研究が行われ、その作用が検出されている。後者（タイプ2）は、群体をつくる藻類などで想定されているが、単細胞生物から多細胞生物への進化の最終段階に作用すると考えられている。

このように整理された集団選択が現代的な進化学の理論として扱われるようになったの

は比較的最近である。またその有用性には依然として議論がある。源まで遡ればダーウィンの着想に辿り着く考えだが、世に災いをなした歴史的な経緯を考えれば、今なお取り扱いにはそれなりの注意が必要だ。20世紀半ばにようやく封印された悪霊を、今の世にうかつに解き放たぬようにしなければならない。だがそれは、集団選択だけの話ではない。

(章末註1) 例えば、体サイズのより大きな変異が自然選択に有利な環境が一定期間続けば、大型化という一方向的な変化がその期間に限り生じるので、その期間だけ抽出して、生じた変化に進歩という概念を当てはめれば、進歩と表現できる。

(章末註2) 遺伝的変異とは、ある種や集団の遺伝子プールに含まれる対立遺伝子やDNA配列の変異のことである。遺伝的多様性とは、集団内、種内、種間、さらには生態系内に存在する遺伝子レベルの豊かさと定義される。

(章末註3) 現代では遺伝子をゲノムのDNA領域で定義することも多い。この場合、ゲノム中のmRNAに転写されるコード領域、あるいはより広義に何らかの機能をもつ領域を遺伝子と定義する。ゲノムは機能のない領域も含むので、この定義では、ゲノムは遺伝子以外にも遺伝するDNA領域を含むことになる。また対立遺伝子も遺伝子以外の領域に対応する場合がある。

第二章　美しい仮説と醜い事実

「適者生存」をめぐるミステリー

政財界の雑誌や記事には、現在の生物学ではあまり使われる機会のない用語が、生物進化の用語として頻繁に使われていることがある。「適者生存」はその代表的なものである。現代の進化学者が封印したはずのこの言葉は、知名度のある経営者や政治家の発言にもたびたび登場するし、著名な本にも出現する。世界的ベストセラー、『ホモ・デウス』の中で、ユヴァル・ノア・ハラリは、こう記している。

「進化論は適者生存（survival of the fittest）の原理に基づいている」

歴史を振り返ってみよう。まずは日本から。『種の起源』を最初に翻訳したのは、夏目漱石の大学時代の同級生、立花銑三郎《たちばなせんざぶろう》だが、1905年、それに『種之起原』という名前を与えて翻訳の校訂をし、普及に最も貢献したのは丘浅次郎《おかあさじろう》である。これには「生存競争適者生存の原理」と副題がついていた。

ところが、『種の起源』の原書初版には、「適者生存」という言葉は一切出てこないのである。さて、いったいいつ、どういった経緯で、この言葉は登場し、ダーウィン進化論の原理となったのだろうか。

この言葉が最初に登場するのは、『種の起源』の出版から5年後、スペンサーの『生物学原理』である。「適者生存とは、私がここで力学的な用語で表現しようとしたもので、ダーウィン氏が、自然選択、すなわち生物の闘争における有利な品種の維持、と呼んだものである」。

ダーウィンは表向きスペンサーを評価する一方、生物学の記述、特に生殖についてはスペンサーの考えをでたらめだと思っていた。「適者生存」の語も無視していた。スペンサーはそれらを同じ意味としたが、実は自然選択と適者生存には大きな違いがあったのである。

ダーウィンがウォレスとともに自然選択についての論文を発表する以前から、自然選択とよく似たプロセスが提唱されていた。ダーウィンが品種改良に使う人為選択の事例から多くのヒントを得たことからもわかるように、似たような考えはすでに存在していたのである。しかしそれらの考えと自然選択には決定的な違いがあった。

40代、『種の起源』を発表した頃のダーウィン

ダーウィンが自然選択を着想する以前に考えられていた類似のプロセスは、有

害な変異が除去されるために変化が起きない、とするものであった。現代の考え方に直すと、安定化選択に該当する（38ページ参照）。一方、ダーウィンにとって、自然選択は特定の環境下で有利な変異の維持と不利な変異の除去により、新しい性質を作り出す、創造的な意味を持つものだった。グールドは、「自然選択の創造性こそダーウィニズムの本質である」と述べている。

ダーウィンは自然選択にどのような創造性を考えていたのだろうか。一つは新しい変異が持つ創造性だ。新たな変異が追加されると、それが選択されることが契機となって、新しい方向に進化が進むという点である。もう一つは、変異の維持や除去のプロセス自体が持つ創造性である。すでにランダムな変異が素材として存在している場合に、新しい環境に変わると、自然選択が作用して新しい性質が生み出される。この創造性をダーウィンは、建築家が、崖から落ちてきたランダムな大きさと形の石から建築物を建てる場合に喩《たと》えて説明している。建築家が使ったそれぞれの石の形がどうであるか、つまりそれぞれの変異がどうであるかにかかわらず、出来上がる建築は建築家の技術、つまり自然選択の作用の結果なのだ。

『種の起源』でダーウィンは、自然選択の創造性が示す威力をこう強調している。「自然選択は絶え間なく作用する力であり、自然の作品が芸術作品よりも優れているように、人間の弱々しい努力よりも計り知れないほど優れているのだ」。

これに対してスペンサーが自然選択と同義とした適者生存は、実際にはダーウィン以前に考えられていた類似のプロセスと同じく、劣った変異を除去して変化を止める役目が主で、創造的な作用の意味はほとんど想定していなかった。

このように適者生存と自然選択は概念が違うので、ダーウィンがそれを無視したのは妥当である。ところが意外なところにそうは思わない人物がいた。ダーウィンの盟友、ウォレスである。ウォレスは自然選択という用語のせいで、それを誰かが目的を持って何かを選ぶような能動的な仕組みと誤解させてしまうことに悩んでいた。そこで適者生存に飛びついたのである。

1866年、ウォレスはダーウィンに手紙を送り、自然選択を適者生存の語に替えるよう提案した。ダーウィンは、思いもよらなかったが、よい考えだ、とウォレスに同意しつつも、作用の表現しやすさや、すでに普及している点を挙げ、自然選択の語

アルフレッド・ラッセル・ウォレス

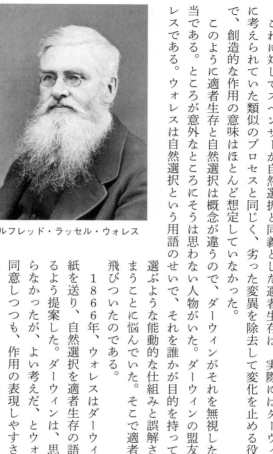

は捨てがたい、と答えた。

そして1869年に出版された『種の起源』(第5版)にはこう記されている。

「個体の違いや変異のうち有利なものを維持し、有害なものを駆逐することを、私は自然選択、あるいは適者生存と呼んできた」

なぜダーウィンが適者生存の語を使う気になったのか、歴史家の意見は分かれているが、有力な見方は、単に当時のダーウィンにとって、適者生存の語を使うことで失うものより、得られるメリットのほうが多少とも大きかったのだろう、というものだ。

そのメリットが何かはわからない。ただ当時、ダーウィンの理論は激しい批判に晒《さら》され、劣勢に立たされていた。進化論を守るために、修正と妥協を重ねている時期でもあった。少なくとも、直面する危機に比べれば、適者生存を自然選択の同義語として採用するかどうかは些細な問題だったのであろう。

だがダーウィンもウォレスも気づいていなかったが、これはそののちに起きる大きな問題へと導火線が引かれたことを意味していた。

妥協がもたらした深刻な弊害

「適者生存」は、別の面で非常に誤解を招きやすい危険な用語だった。適者(この場合最適者）は、進化という用語と同様に、生物学的な意味合いと、日常用語での意味合いが異なっていた。生物学的な適者、つまり出生率と生存率が高いことは、必ずしも強い、賢い、といった性質とは一致しないのだが、人々は素朴にこの用語を、弱い者、愚かな者が排除され、強い者、賢い者だけが生き残る、というメッセージだと理解した。これを通して排除とサバイバルによる改善、という単純化された考えが、社会的な問題へと波及し、時代の進歩史観に合流する道が開けたのである。成功、貧富、教育、さらには道徳など、あらゆる人間的な要素が、むき出しの闘争と改善、そして進歩という目的に晒されることになった。

ダーウィンの盟友であったトマス・ヘンリー・ハクスリーは、自然選択が適者生存という語に置き換えられたという不運のために、多くの害がもたらされた、と述べている。ハクスリーは次のように記している。

「進化論が道徳の基礎を提供できるという考え方は、『適者生存』という用語の『適者』の曖昧さから生じた幻想であると考えられる。私たちは通常、『適者生存』を『最良』というわかりやすい意味で使う。そして、『最良』は倫理的な意味で捉えがちである。しかし、生存闘争の中で生き残る『適者』は、倫理的には最悪な者である可能性があり、実際その場合が多い」

科学史家のダイアン・ポールは、この経緯とそれに続いて起きたことについて、こう総括している。

「適者生存による進化は、進歩には自由放任主義の経済が必要なことを容易に示唆した。また、より富裕層の出生率を高める社会政策の必要性も示唆した。経済の自由主義は、主力産業の成功を保証したかもしれないが、生物学的な個人の将来に関しては、災いをもたらすことになる。なぜなら19世紀から20世紀初頭にかけての進化論者（ダーウィンも含む）ほぼ全員にとって、社会的成功と繁殖成功が相関しないことが明らかだったからである」

適者生存という言葉が作り出した、進化と適性という概念の結びつき、そして善や良という価値とのリンクは、さらに「闘争の呪い」と融合し、闘争による社会の進歩と貧富・格差の存在、富裕層の特権、さらには植民地支配を正当化する思想を生み出したのである。だが、この言葉が持つ魔力はそれだけではなかった。後の時代に別の恐ろしい社会を招き寄せる役割を果たしたのである。

社会進化論に対する誤解

スペンサーの思想が影響を及ぼした分野は、社会、政治、経済、教育、心理、倫理から生物学に至るまで広範にわたるために、その全貌を理解するのは容易でない。

スペンサーが提唱した社会進化論は19世紀後半、大きな人気を博したが、20世紀になるとともに強い批判を浴びて凋落《ちょうらく》し、顧みられなくなった。従来、スペンサーの進化論は特に次のような理由から批判される場合が多かった。まず、適者生存を人間社会に適用して進化を論じ、弱肉強食型の社会にしたこと、そして進化的な優劣による人種差別や植民地主義を正当化したことだ。

例えば大手教科書会社が発行する2022年度の高校教科書・倫理では、こう解説されている。「彼（ダーウィン）は、『種の起源』において生物は（中略）進化の要因は環境に適応したものが生き残るという自然選択にあると主張した。時を同じくして生物進化論の考えを抱いたスペンサーは、これを社会にも適用し、社会も生物のような有機体として進化すると説いた。社会は適者生存のメカニズムによって個々人をふるいにかけつつ、よりよい共同の状態へひとりでに進むというのである」。

社会ダーウィニズムといえば、真っ先にスペンサー進化論が浮かぶのが通例だ。人を適者生存のふるいにかけつつ進化する生命体。そんな社会を唱えたスペンサーは、冷酷、無慈悲な帝国主義者――そう考える人がいるかもしれない。

だがさて、果たしてそうだろうか。

社会で受け入れられているダーウィンの思想とされるものが、必ずしもダーウィンの思想と一致しているとは限らないように、スペンサーの社会進化論とされるものが、スペンサーの思想と同じだとは限らない。

スペンサーは適者生存を重視していなかった

社会ダーウィニズムの代表格とされているにもかかわらず、実はスペンサーの進化論は、ダーウィン本来の進化論とはほとんど関係がない。のちに適者生存の名で取り入れた自然選択（の一部）は、あまり重要視していない。その代わり、スペンサーが創造的な役割を与えたのは、ラマルク的な獲得形質の遺伝だった。環境に合わせて向上心や努力の結果獲得した性質や、社会の中で行う活動や習慣によって後天的に得られた性質が、次の世代に遺伝する、と考えたのである。

スペンサーはこう述べている。

「人間では劣等感が生き残る原因になる場合が多いので、ほかの条件が同じなら、体格、力、賢さなどの優れた属性は、増殖力の低下を犠牲にして成り立っている。一方こうした高度な属性が不要な種では、その属性が低下しても、それに伴う増殖力の増加によって利益を得るのである（中略）こうした（高度な属性が不要な）場合、より優れた者は生存しないが、（より劣った者を排除する）適者生存なら作用する」

適者生存に創造的な力は乏しいうえに、それが作用するのは主に植物など、あまり〝進歩〟していない段階の生物に限られると見なしていた。人間の進化に適者生存（自然選択）は関係しないと考えていたのだ。

スペンサーは教育上、最も価値を持つ知識は科学的知識だと述べるなど、徹底した自然主義の立場をとったが、スペンサー研究で知られるマイケル・テイラーによれば、スペンサーの思想基盤は進化理神論であったという。彼の父は熱心な進化理神論者であり、またスペンサーもそのグループのメンバーであった。それを裏付けるように著書の中で、「人間の幸福は神の意志である」「本物の宗教と科学は敵対しない、科学と敵対しているのは宗教の名を借りた迷信である」と述べている。

ハーバート・スペンサー

スペンサーにとって自然法則は神の摂理だったのである。自然も人間も社会も、あらゆるものが自然の一般法則に従い、最初は単純で均質な状態から始まり、それが発達して、複雑で不均質、かつ秩序ある多様性に至る、と考えていた。スペンサーはこう記している。「今日のそれぞれの出来事がそうであるように、最初から、あらゆる拡大した力がいくつかの力に分解され、より高い複雑さを恒常的に生み出す。そうしてもたらされた異質性の増大は今も続いており、これからも続いていくはずである。このように進歩は偶然ではなく、人間がコントロールできるものではなく、有益な必然であることがわかるだろう」。

スペンサーはこれを宇宙のすべての現象について、神の摂理――自然法則という形で科学的に説明しようとしたのである。スペンサーにとって、その自然法則がエヴォリューションの法則であった。無機的なものから有機的なもの、さらには心や社会的なものまで、宇宙を支配する法則を徹底的に説明することで、これらの現象が不可避的に進歩することを明らかにしようとしたのだった。このエヴォリューションの最後に実現するのが人々の幸福が最大化した理想的な状態であり、それがスペンサーの考える社会の最終形態であった。

従ってスペンサーは、ダーウィンの革新的な考えを取り入れた新世代の思想家ではない。つまり適者生存を人間社会に適用して進化を論じ、弱肉強食型の社会を創ろうとしたわけではない。その進化論は、獲得形質の遺伝や進化理神論などで代表される、伝統的なエヴォリューションの観点から導かれたものである。スペンサーは、ダーウィン以前の進化観に基づいて、壮大なスケールで思想を展開した、最後の古典的進化思想家だったのである。

スペンサーは『社会学原理』（The Principles of Sociology）（１８８５年）で、生物個体と社会との類似点を指摘し、いずれも時間とともに複雑さと不均質さの増大という同じ法則に支配された現象である、と示そうとした。文明も自然の一部であり、その変化はエヴォリューションの法則から生じるというのである。

スペンサーの考える社会進化の仕組みはこうだ。

新しい社会の中で個人は、社会を創るのに必要なよい習慣を身に付け、悪い習慣が排除される。それぞれの世代の各個人の義務は、必要な資質を後世に伝えるために努力し、「適応力」を最大化することだ。その世代で獲得された資質が代々遺伝し、蓄積していくことによって社会と個人は、徐々に完成へと向かうのである。スペンサーは社会を一個の生物のような有機体と見なしており、進化（進歩）した社会で育った個人は、優れた性質を獲得して、それを次世代に生得的な性質として与えると考えた。

ただし、スペンサーの考える社会有機体は、脳だけが感情を持つ個体とは異なり、統一意識を持たず、逆に各構成員だけが感情と幸福感を持つ。スペンサーはこう記している。「社会はその構成員の利益のために存在するのであって、構成員が社会の利益のために存在するのではない」。

完成された社会では、個人は本能的に他人の権利を尊重し、苦痛を与えるような行動はとらない。この理想的な個人は、道徳的な聖人であり、本能的な利他主義で行動し、他者に喜びを与えるために行動し、そのプロセスから喜びを得るのである。

この過程は、人間の支配を超えた自然の法則によってのみもたらされる。スペンサーにとって、自然の法則は道徳的であり、自然そのものも道徳的なのである。自然の法則は神の摂理なのだから、これは当然である。

このプロセスに対するいかなる介入も、社会の完成を遅らせてしまう。だから社会に対して政府が取るべき最善の政策は、自由放任主義である。スペンサーによれば、国家は教育、保健、衛生、郵便、貨幣経済と銀行、住宅事情、貧困の解消といった分野に関与すべきではない。国家の関与は、個人の権利の保護と敵国への防衛に限定されるべきである。ただしスペンサーは民間の私人による福祉活動は支持していた。こうしたスペンサー社会進化論のコンセプトは、ヴィクトリア期英国社会に広まっていた進歩史観、古典的自由主義に合致していた。またスペンサーが重視した獲得形質の遺伝は、自助努力と自己啓発、勤勉性と自発性を重視するプロテスタントの労働倫理と調和的であった。

徹底した自由と個人主義を重視するスペンサーは、「いかなる個人も、他者の平等な自由を侵害しない限り、意図することをすべて行う自由を持つ」（１８５１年）と記し、他者の自由を侵害しない限り、各人のあらゆる自由を尊重しようとする、現代のリバタリアニズムの源流とされる。

スペンサーは競争の意義を否定しなかったが、それは競争が個人の向上心を刺激するからである。競争を通じた個人の努力と切磋琢磨が、資質の向上と社会全体の利益をもたらすのである。互いの競争で得られた資質の向上は次世代に遺伝するので、互いの利益になり、社会を発展させ、最後に平和的な共存を生むと考えたのだ。従ってスペンサーの考える競争は、適者生存ではない。彼の想定する「進化した社会と人間」とは、協調的で利他性を重んじる社会とそれに適合した者の意味だった。その進歩のプロセスは、各人の努力によって未来に全員が最大の幸福を享受する理想的な社会が実現するという、楽天的な、ある意味ユートピア思想に基づくものだったのである。しかし、そのプロセスは、こうした実際の想定と無関係に、適者生存、の言葉で呼ばれるようになったため、誤解されていつしかマルサス的な生存闘争の意味に捉えられるようになったのだと思われる。

植民地支配と進化論

スペンサーはエヴォリューションの法則に基づき、独裁的な軍事型社会から自由主義の産業型社会へと直線的に発展すると考え、英国と米国を、最も自由主義的な進歩した社会と見なしていた。社会や国家をその構成員の進化レベルと合わせて、原始的なレベルから発展したレベルまで、序列化したのである。その意味では、彼の思想は差別的であった。しかし、決して植民地主義を支持してはいなかった。スペンサーは、次のように述べている。

「我が国の植民の歴史は、その地の先住者に与えた不正と残虐行為に満ちている（中略）、東インド諸島の住民の悲惨な状況は、国家による植民の非人道性を雄弁に物語っている」

スペンサー自身が人種差別による搾取や植民地主義を正当化したという事実はないのである。

皮肉なことに、その自然法則による社会の直線的発展の説明は、拡大する大英帝国の植民地支配を擁護するうえで有効であった。そのため、スペンサーの思想は、英国を始め欧州列強により、植民地主義の正当化に利用されてしまった。

19世紀末には、英国社会の貧困層の悲惨な実態が知られるようになり、福祉と貧困対策への政府の関与に反対するスペンサーの主張は、社会から受け入れられなくなった。またその思想は、善や道徳といった非自然物つまり価値を、自然物つまり事実と混同する自然主義的誤謬《ごびゅう》を犯しているとの批判を受け、さらに多くの欠陥が示されて、生物学だけでなく、新しく勃興した社会学からも支持を失った。

その古きよき時代の博愛精神と自由に満ちた思想が招いた結末は、スペンサーの数少ない友人だったハクスリーの言葉を借り、こう表現されることがある。

「美しい仮説が醜い事実によって打ち砕かれる」

明治時代に輸入された「適者生存」

森有礼

スペンサーの思想は明治時代の日本でも注目を浴び、特に自由民権運動に大きな影響を与えた。社会を構成する個人の自由と自発的な協力によって進歩する社会、という考えが、自由民権運動を基礎づける原理と受け取られたのである。

また山下重一《やましたしげかず》や長谷川《はせがわ》精一《せいいち》らによると、スペンサーは英国公使だった森有礼《もりありのり》と親交を持ち、森の憲法構想に助言を与えたとされる。その後、明治憲法を起草した金子堅太郎が1891年に渡英して、明治憲法の条文をスペンサーに見せ、「あなたの進化論の原則に従い、日本国の歴史と人民の進化の程度とを根本に、外国の法律等を参考に（中略）法律をつくりました」と説明した。これに対しスペンサーは、新しい制度は、古いものを取り換えるのではなく、現在のものに接ぎ木して、古いものを修正し、連続性を壊さないようにするのが重要だとし、欧米のような自由な政治制度をいきなり実現するのは難しい、と、森が示していた憲法観とほぼ同じことを述べたという。

日本の教育制度を構築し、初代文部大臣を務めた森の教育観には、スペンサーが強く影響したと言われる。しかし森が国民教育に導入した軍隊式の集団的訓練法は、スペンサーが主張する、強制されない自発性重視の教育法——機械的な暗記を時代遅れと見なし、子供の発達段階に応じて楽しく、興味を持たせる探求的で自由な教育法とは異なるものである。スペンサーの思想をよく理解できていなかった可能性もあるが、憲法構想の話と同じく、「教育は精神の進化の自然なプロセスに一致しなくてはならない」というスペンサーの考えに従ったのかもしれない。

次第に保守化したと言われる森だが、根幹の部分には、日本の国際的地位への危機感と発展を目指す革新的な思想があったと思われる。実際、封建制への逆行により社会の発展を阻害するとして、儒教思想の教育への介入には、最後まで抵抗していたという話が残っている。

森は英国でスペンサー以外にも、多くの科学者と交流を持っていた。英国公使の任を終えて帰国する際、英国紙のインタヴュー記事に森が残したこんな言葉がある。

「市場と産業の独占をめぐる国家間の競争は止むことなく非情である。私はそれに抗議しないし、する気もない。民族の進歩とは、適者生存によるものであり、また自然選択による弱者の排除によるものである、そして経済競争は、より優れた生物群がより劣った生物群に勝利する一つの形である、と私は学んだ。日本がその競争で過去に占めてきた位置より、とりわけ傑出した位置を占められるよう、私は望んでいる」

その良し悪しは別の話として、「進化」「闘争」そして「ダーウィン」の呪いは、近代日本の法制度と教育制度に、最初の時点でもうしっかり取り憑いていたのである。

第三章　灰色人

期待したほど売れなかった『種の起源』

「この闘争を顧みるとき、自然の戦争は止めどなく続くものではない、恐怖を感じることもない、死は概して一瞬であり、元気で、健康で、幸福な者は生き残り、増殖する――そう心から信じて、私たちは自らを慰めるのかもしれない」

虚無と諦念が入り混じったようなこの詩的な文章は、『種の起源』の一節である。曖昧さを排し、客観性に徹するのが原則の科学書とは思えない文章である。『種の起源』は、徹底した自然主義の下、主張を裏付ける膨大な生物の観察や研究事例が延々と紹介される一方、学名はほとんど使われておらず、物語のような比喩や、持って回った記述や、情緒的な表現が随所に差し込まれている。

残されている出版社とのやり取りなどから、ダーウィンは『種の起源』の読者対象に、科学者だけでなく一般大衆も想定していたことがわかっている。この本は大衆向けの普及書でもあったのである。過剰な比喩や回りくどく情緒的な表現は、それが理由とされる。またそのせいでこの本が逆に誤解されやすく、かつヴィクトリア期の風俗や社会になじみのない私たちにとって、ひどくわかりにくいものになっている。

ダーウィンは自分の進化論を社会に普及させるのに執着しており、それには啓蒙活動が重要だと考えていた。『種の起源』の売れ行きを伸ばすため、価格をぎりぎりまで値下げするよう出版社と交渉もしている。それにもかかわらず、『種の起源』はダーウィンが期待したほど、発行部数が伸びなかったようである。

実際、19世紀に英国で出版された自然や科学をテーマにした書籍の中で、『種の起源』はよく売れた本ではあったが、特別に売れた、というわけではない。『種の起源』は1900年までに英国で5万6000部発行されたが、第一章で触れたチェンバースの『Vestiges』も4万部発行されている。また1858年にジョン・ジョージ・ウッドが刊行した自然誌をテーマとする普及書『The Common Objects of the Country』は、1900年までに8万6000部発行された。

トマス・ヘンリー・ハクスリー

『種の起源』が出版されると、さっそく新聞や雑誌に書評を載せたのがダーウィンの盟友ハクスリーだった。判断は読者に任せる、と中立な立場を強調しつつハクスリーは、自然選択の理論を、観察事実から検証が可能な科学的理論であると評した。また証拠の幅広さと科学的方法の厳密さ、現象の説明力で、進化についての既存のどの仮説よりも優っていると説明した。また講演会などで、ダーウィンの進化論を詳しく紹介した。

ハクスリーは必ずしもダーウィンの考えをそっくり受け入れたわけではなく、特に小さな変化が蓄積して起きる漸進的な進化、という考えには疑問を抱いていたと言われる。だが貧しい労働者階級の出自ながら、自然科学への貢献のおかげで、社会的地位を獲得できたハクスリーにとって、自然主義に基づく科学の世俗化は使命であった。ダーウィンをそのための「武器」に使ったのである。

一般向けに進化論を説明するのは、自分よりハクスリーのほうがずっとうまい、と気づいたダーウィンは、自分の主張を広めるため、「忙しい」と、いやがるハクスリーに執念深く進化論の普及書を書かせようとした。ダーウィンはハクスリーに宛てて「書くのもうまいし、知識もあるあなたなら、簡単でしょう」と書いている。

ダーウィンは、進化論の成否は、科学者だけでなく大衆に受け入れられるかどうかにかかっている、と考えていたのである。

19世紀の英国では識字率が向上し、豊かな中産階級が増えて、科学をテーマにした雑誌や普及書の需要が高まっていた。また新しい印刷技術が開発され、書籍の大量生産が可能となった。こうした社会的背景と技術革新の結果出現した大衆読書家が、科学の世界を大きく変容させた。

サイエンスライターが広げた「進化論」

19世紀半ばに起きた印刷の量産化による情報革命のため、科学者たちは、閉じた科学協会や専門的な科学雑誌だけでなく、新しい公共スペースで理論の妥当性を議論しなければならなくなった。こうした状況で、科学者に代わって科学を大衆に伝えるプロが現れた。サイエンスライターである。彼らは大衆向けの科学記事や著書を量産するようになった。

ダーウィンの著作が特に読まれていたわけではないのに、なぜ大衆が進化論を知っていたかというと、彼らはその知識をダーウィンの著作からではなく、プロのライターがダーウィンの説をやさしく紹介した雑誌や解説書から仕入れていたのである。

こうしたライターたちがどのように進化を大衆に伝えたか、また大衆が進化をどう受け入れたかについて、英国と米国で詳細な研究が行われている。『種の起源』出版後の13年間に、進化論を取り上げた100件の新聞と大衆誌を調査したアルヴァル・エレゴールによれば、生物が祖先から子孫へと変化していくという考え――これを進化と呼ぶなら進化は、1872年までに一部の保守派を除き、大衆に広く受け入れられていた、という。

19世紀前半、ダーウィン以前に英国で単純な生物から複雑な生物へと発展する進歩の意味での進化を主張し、科学界のみならず社会から特に注目されていた二人の人物がいる。一人は比較解剖学者ロバート・エドモンド・グラントである。ラマルクの考えをもとに、外部環境の影響で祖先から子孫のタイプへと進歩的な変化が起きると主張した。実はグラントは、医学生時代のダーウィンの師であった。しかしその時点で二人の関係は決裂したため、ダーウィンへの影響はなかったとされている。

もう一人は、週刊誌の編集者およびライターとして知られていたチェンバース——『Vestiges』の著者である。この本は、太陽系、地球、植物、魚類、爬虫類や鳥類、哺乳類、そして最終的には人間に至るまで、すべてのものは、それ以前の形のものから発展してきたと主張するものだった。「神はある性質をもとの物質に与えただけであって、すべての自然物はその性質の結果である」と考え、単純なものから複雑なものへと進歩していくという、「発展の仮説」を提唱したのである。

『Vestiges』が出版されると保守派は激しく反発したが、自由主義者を中心に大衆に幅広く受け入れられてベストセラーになった。特に米国では大評判となり、エイブラハム・リンカーンの愛読書にもなったという。

『Vestiges』が話題を呼んだ大きな理由の一つは、そのわかりやすさだった。チェンバースはプロのライターであり、巧みな文章で読者の心をつかむ技に長けていたのである。

ただし、『Vestiges』が出版されたとき、著者チェンバースの名は伏せられていた。匿名の著者による問題作として、著者探しが行われ、ヴィクトリア女王の夫、アルバート公が著者ではないか、と噂されたこともあった。著者の正体が明かされたのは、チェンバースの死後であった。

多くの科学者は『Vestiges』を批判的に見たものの、生物の進歩的な変遷の考えを認めるようになっていた。例えば創造論者の代表格であった解剖学者のリチャード・オーウェンは、グラントを徹底的に否定したにもかかわらず、『Vestiges』に対しては批判せず、逆に、神の力の下、という条件付きながら、自然の作用で魚類から人間に至る変遷が起こる可能性に触れるようになった。

『種の起源』は、こうした生物の変遷の仮説を、豊富な観察事実から徹底した自然主義の立場で説得力のある説明をしたものだったため、科学者や社会がそれを受け入れる決定打となった。

ただし多くの科学者が受け入れたのは非創造説の部分、つまり生物の歴史的変遷の考えだけで、ダーウィンの独創である方向性のない進化や自然選択の考えまで受け入れたわけではなかった。そもそもダーウィン自身が晩年には、環境の影響を受けて変化した物質が遺伝する、というラマルク的な進化様式を取り入れていた。そのためダーウィンを支持する科学者の多くは、ダーウィンが進化に多元的なプロセスを認めた、と考えていたのである。

自然選択を圧倒した獲得形質論

自然選択説は一時的に注目を集めたが、間もなく勢いを失った。それに代わって支持を得たのは、ラマルク流の獲得形質の遺伝である。このプロセスで祖先から子孫へ一方向的に形態変化が進むとする、ネオ・ラマルキズムと呼ばれる考えが広がった。古典的な自然神学に基づく進化論と入れ替わるように、同じく目的論のラマルク的な進化説が登場し、優勢となったのである。にもかかわらず、ラマルク説を支持する科学者でさえ、ダーウィンの支持者と自称し、ダーウィンの功績を称えていた。

要するに科学者らは、自説がどんなものであれ、その正当化に、「ダーウィンの呪い」を利用したのである。

では大衆の側はどんな進化の考えを受け入れたのだろう。エレゴールやボウラーによれば、大衆が受け入れたのはやはり進歩の意味での進化であり、ダーウィンの独創の部分である方向のない進化と自然選択の主張は、ほとんど受け入れなかったという。

歴史家バーナード・ライトマンによれば、英国と米国では、ハクスリーのような一部のダーウィン派科学者を除き、大衆に進化の情報を提供したライターのなかに、ダーウィンの説を正しく紹介したものはほとんどいなかったという。それどころか、19世紀後半のライターは、大半が自然神学の支持者であり、進化論を神学と結びつける形で大衆に伝えたのである。またそれ以外のライターは、たいていスペンサーの支持者かラマルク的な獲得形質の遺伝の信奉者であった。にもかかわらず、やはり彼らも自著のブランド化のためにダーウィンを利用した。

例えば著名なジャーナリストだったアリス・ボディントンは、1890年に出版した『Studies in Evolution and Biology』で、ダーウィンを「私たちの視界を切り開き、進化を支配する偉大な法則の発見に向かって延びる新しい道に私たちを導いた」と高く評している。ところが本の内容は、当時の最新科学だった古生物学から多くの成果を引用し、ネオ・ラマルキズムを紹介するものだった。またスペンサーが1864年に『生物学原理』で行ったラマルク的な進化の説明を、「天才的な先見性」、と絶賛している。

ちなみにこの本について、当時も今も進化学の主要な雑誌である『American Naturalist』誌は、こう評している。

「この本は、現在の科学者の心を捉えている問題を知りたければ誰でも、科学知識を持たない人でも、手にできる優れた本である（中略）この（ラマルクという）最も不当に軽視された天才の名声に新たな栄冠を加えるように思われる。ダーウィンの名を愛し敬う私たちが、彼を進化のニュートンに喩えるなら、ラマルクを進化のガリレオに喩えても、彼の名声を傷つけはしないだろう」

歴史家、思想家としても知られる作家ジョン・フィスクは、もともとダーウィン進化論の普及活動で大衆に名を知られるようになった。しかしフィスクは、1884年に出版した『The Destiny of Man: Viewed in the Light of His Origin』で、ダーウィンが「進化は万物が一つの大きな目標、すなわち人類を特徴づける最も高貴な精神的資質の進化に向かって働いてきた」ことを明らかにした、と述べている。またスペンサーに対して、「進化の過程を研究するあらゆる人々にとっての師である」と、信仰に近い賛辞を捧げている。

この本やいくつかの紹介記事を見る限り、フィスクはダーウィン進化論を目的論と捉えており、自然選択も理解していたようには思えない。ちなみにダーウィンは、フィスクに宛てた手紙で、「スペンサー氏の教義は理解できませんでした。（中略）スペンサー氏の無尽蔵で豊かな示唆は印象に残るが、決して私を納得させるものではありません。その理由は、最初に立てた理論に誤りが見つかる頻度のせいだと思います」と記している。

このように大衆が進化論として受け入れた考えは、生物が祖先から子孫へ変化していく、という点が共通するだけで、神学を背景にするもの、ラマルク的なもの、誤った自然選択説など、無関係な説が混在していたのである。そのうえ大衆はそれらをダーウィンの進化論と区別できていなかったにもかかわらず、ダーウィン本来の進化論は、ほとんど受け入れられていなかったのである。

従って多くの歴史家は、19世紀にはいわゆる「ダーウィン革命」に相当する出来事は起きていないと総括している。ダーウィンが提唱した進化論が当時の社会や思想を変革したとか、方向性のない進化の考え、あるいは自然選択説で当時の常識を覆した、という証拠はない。ダーウィン進化論の提唱と受容の過程は非常に複雑で、それ以前の考えに巻き込まれつつ、また誤解されつつ、部分的に進んだものであり、それを相対性理論や量子力学で語られるようなパラダイムシフトと同様な例と見なすのは不適切である。

結局のところ社会にとっての進化論とは、すでに定着していた自然と社会の進歩的変遷の見方を言い換えたものであり、それまでの自然と社会を支配する融通無碍《ゆうずうむげ》な一般法則、つまり神の摂理を、科学に基づく自然法則で置き換えたものであった。別の言い方をするなら、神の代役——「科学」による正当化が、「ダーウィンによれば……」である。

ちなみにダーウィニズムという言葉は１８６０年にハクスリーが最初に使用したものだが、そのときは、おおよそ自然選択を主要なプロセスとする機械論的な進化の考え、という意味で使われた。またウォレスは進化に自然選択以外のプロセスを認めなかったので、その言葉を自然選択による進化の考えの意味で使っていた。これに対し、神学者チャールズ・ホッジは、「生物の進化や自然選択の考えがダーウィニズムなのではなく、無神論こそがダーウィニズムなのである」と述べた。一方、ラマルク説支持者だった作家サミュエル・バトラーは、スペンサーやエラズマス・ダーウィンの考えも、ダーウィニズムと表現している。

「闘争の呪い」を呪詛に変える改変

さて19世紀末、大衆に進化論を伝えるのに最も大きな役割を果たしたライターの一人がベンジャミン・キッドである。無名の政府機関事務員だったキッドは1894年、一念発起して書き上げた著書『社会進化論』(Social Evolution)の出版により、一躍著名人の仲間入りをした。

「生命の法則は最初から常に同じ絶え間ない必然的な闘争と競争、絶え間ない必然的な選択と淘汰、絶え間ない必然的な進歩である。人間社会の進歩を見ると、(中略)あらゆる証拠が、人間がこの闘いから逃れる力がないことを示唆している」

この本でキッドは、人間とその社会の進化(進歩)は競争と生存闘争による適者生存(自然選択)の結果である、と主張した。産業社会は適者生存による進化(進歩)の頂点に位置し、最も産業化を遂げた民族が最も進化（進歩）した民族であり、強い行動力と労働への激しい欲求がその特徴なのだという。

キッドは闘争による適者生存は個人の間だけでなく、民族や社会、国家間でも働くとした。またキッドは、競争の結果生じた格差や貧富を解消しようとする社会主義は合理的だとしつつも、それを導入すると社会の進化（進歩）を妨げると指摘した。社会を一個の生物のような有機体と見なすキッドにとって、個人の利益より、社会の利益のほうが重要なのである。民族や国家間の闘争と適者生存で、優れた民族、優れた国家が生き残るからである。また、もし闘争がなくなり、適者生存が働かなくなると、個人も民族も国家も退化し、堕落する、と警告した。

これはスペンサー進化論の枠組みだけ利用して、そのプロセスをラマルク的な獲得形質の遺伝から粗雑な自然選択に変えたものだった。「闘争の呪い」が本物の呪詛となって社会に降りかかるのを許す改変だった。

スペンサー進化論は、ラマルク的なプロセスを想定していたがゆえに、個人は社会と結びついていられたし、有機体としての社会は個人の利益のために存在しえた。ラマルク的なプロセスなら、個人の努力の成果と社会の進歩が、ともに次の世代に個人と社会の生得的な資質として受け継がれる。より進歩した社会で育った個人は、より進歩した資質を獲得して次世代に伝えることができる。利他的な社会の発展を期待して、格差や貧困の解決を未来に託すこともできる。だから未来の社会のために自己犠牲も許容できたのである。

現在の科学から見れば誤りだが、正しいと仮定すれば理解はできる。

しかしプロセスが適者生存なら、どんなに努力しても、それで得たものは次世代に生得的な資質として受け継がれず、すべては白紙になる。社会が進歩してもその恩恵を次世代の個人が受けられるとは限らないとなれば、社会と個人の結びつきは切れてしまうのである。

しかしそれでは利益を得るのは競争に勝った国家と、一握りの「最適者」である富裕層だけになり、格差は拡大し、社会の進歩は多数を占める「最適でない」個人の利益に背くことになる。国家・民族間の闘争に有利な社会――有機体としての利益を得るために、個人は自己の利益を犠牲にしなければならない。

では闘争に勝ち抜く国家や民族は、どのようにして競争と格差、個人と社会の利益の対立関係を緩和するのか。

キッドが持ち出した緩和剤は宗教だった。宗教の力で、人々の社会に対する不満を、未来の社会への希望に変えるのである。社会の進歩のための自己犠牲を、宗教で正当化するのである。そうすれば競争が継続し、社会は堕落を免れ、より優れたものへと進歩するだろう、というわけである。

キッドはスペンサーの道徳律を借用してこう述べている。

「社会組織の利益になる行動をとることが最高の喜びとなるような発達段階に達するのだ。このような（利他）行為は、見た目には自身の物質的利益に反するように見えても、最高の喜びを与えてくれる。それはちょうど親が子の犠牲になることで最高の幸福が得られるのと同じである（中略）そうなれば、社会組織の利益のために自発的に自分を犠牲にすることによって、最高の満足を得るようになる」

実際に利他を重んじるキリスト教の福音主義は、こうした理由でアングロ・サクソンが生存闘争に勝利し、最高の社会を進化させた原動力だったと主張する。

キッドは、人間社会と生物界は別と見なすハクスリーを批判し、政府の施策により社会の安定を図るべきだという主張を、社会的な問題の解決には無力で、ハクスリーが嫌うニヒリストと変わらない、と突き放している。

『社会進化論』は、この時代としては破格の売れ行きを見せ、1年のうちに英国で1万部、米国で2万部売れ、10ヵ国語に翻訳されて世界的なベストセラーとなった。英国の帝国主義を推進し、日英同盟の道筋をつけたことでも知られる政治家ジョゼフ・チェンバレンは、キッドの本に影響を受けたことを認めている。米国の第25代大統領ウィリアム・マッキンリーは、帝国主義政策を求める支持者から、この本を参考にするよう促されたという。また毛沢東の師、梁啓超《りょうけいちょう》はこの本を「未来への大きな光」、と呼び大きな影響を受けていた。日本では内村鑑三が強い感銘を受け、新渡戸稲造に宛てて、「我々自身の国家の将来の方針にとってなんと示唆的であることだろう」と記したという。これに対し、キッドの本を読んだ夏目漱石は、「愚論」と一刀両断にしている。

言うまでもなく「社会進化論」では、三つの呪いが威力を発揮している。それに力を貸すのは宗教だ。ラマルク説を否定して切り離した社会と個人の関係を、宗教で接着したのだ。進化が自然選択によるプロセスであるならば、個人の意識的な努力と闘いの結果は、遺伝しないし、競争に負ける大多数の個人にとって闘いは無駄である。それを無駄ではない、それは社会を強化し、他国に打ち勝つ文明国にする、素晴らしい自己犠牲なのだ、と大衆に信じさせるために、宗教を利用したのである。

進化論と道徳

「進化が常に完全性を高める傾向を意味すると考えるのは誤りである。このプロセスが、新しい条件への適応により、生物を常に改造するのは間違いないが、改造の方向が上向きか下向きかは、その条件の性質による」

ハクスリーは1888年の論文で改めて、進化は目的も方向性もない盲目的な過程であると強調した。また次のような未来予測を記している。

「物理学者は、我々の地球は太陽と同じく次第に冷えていく、と言っているが、もしそれが本当なら、進化とは全体としてみれば冬への適応であり、北極や南極の氷に棲む珪藻《けいそう》や赤い雪をつくるプロトコックスのような単純な生物を除いて、あらゆる生命体が死に絶えるときが来るに違いないのである」

ハクスリーは、伝統的な進歩観である「進化の呪い」を解き、排除しようとしていたのである。そこには欧米社会が恐れる終末論がむき出しになっていた。

同じ論文でハクスリーはこう訴えている。「生物の世界は剣闘士のショーと同じで、かなりよい待遇で戦わされる。そこで、最も強く、最も迅速で、最も狡猾な者が、次の日の戦いのために生き残る（中略）社会は明確な道徳的目標を持つ点で自然とは異なるので、この区別をするのはより望ましく、必要である」。

自然選択では道徳の基礎を提供できないと考えるハクスリーにとって、闘争と自然選択が支配する自然界の生物は、倫理や道徳とはその前駆的なものを除き無縁である。一方、社会は倫理・道徳で闘争が抑えられ、人々はよりよい社会の実現に向けて努力する。だから両者はまったく別物なので、はっきり区別しなければならないと主張したのである。

ただし利己性など人間の生物的な部分は修正されておらず、道徳の進歩がそれに歯止めをかけているだけだという。ハクスリーは人間の生物学的な部分も含め、生物の世界を闘争の場と見なしていた。ダーウィンが広い意味の暗喩としていた生存闘争を、文字通りの闘争と捉えていたのだ。

闘争と自然選択では社会の善は生まれない、と考えるハクスリーは、政府の自由主義的な政策を批判し、貧困対策や福祉政策により社会の安定を維持しなければならない、と主張した。このようにハクスリーは、進化論を人間社会の問題に持ち込むべきではなく、社会問題は生物的衝動を知性と道徳で抑えることでしか解決できないと考えていた。

だが大衆も、多くの科学者も、進化を「下等」な生物から人類を進歩させたプロセスであり、より高度で進歩した未来へと人類を導くものだ、と考えていた。自然選択説の支持も広がらなかった。そんな中、ドイツでアウグスト・ヴァイスマンが遺伝に関する新しい仮説を提唱した。それはラマルク説を否定し、自然選択説を強く支持する説だった。ただしヴァイスマンは、自然選択の作用が失われると生物は退化する、と説いた。キッドが自説の生物学的な裏付けに使ったのも、ヴァイスマンの主張だった。

こうした状況で、ハクスリーの意を受けて、正統的ダーウィン進化論の防戦と普及、そして呪いの払拭に挑んだ人物が二人いる。その一人はコナン・ドイルの小説『ロスト・ワールド』で、変人の古生物学者チャレンジャー教授から「これは、私の才能ある友人、レイ・ランケスターによる素晴らしいモノグラフだ！」と紹介された動物学者レイ・ランケスターである。

その才能は10代の頃から周囲の注目を浴びていた。ダーウィンは学生時代のランケスターに対し「君はいつの日か自然史学における最初の星となる」と予言した。ダーウィンとハクスリーはランケスターの父親の友人で、特にハクスリーとはその後長年にわたる家族ぐるみの付き合いであった。また王立科学師範学校（王立鉱山学校、現在のインペリアル・カレッジ・ロンドン）に勤めていたハクスリーは、ランケスターを同僚として呼び寄せている。その後彼は、ロンドン大学、さらにオックスフォード大学へ移り、解剖学を教えたが、オックスフォードにヴァイスマンをドイツから招き、彼の遺伝に関する新しい説を英国に紹介した。

レイ・ランケスター

ランケスターは生粋のダーウィン進化論者であり、長年にわたって、進化と博物学をテーマにしたコラムを毎週新聞に書いていた。何より重要なのは、ランケスターが、進化を進歩とは考えていなかった点である。ダーウィン進化論の本質と独創性を理解していたのだ。例えば複雑な形質が単純化したり失われたりする「退化」を、進化の一般的な結果の一つであると考えた。またトカゲ類やサンショウウオ類などで見られる肢や成体の特徴の消失は、環境への適応を示しており、こうした「逆行的」な進化が契機となって、その後の進化でそれまでと異なる新しい性質を導く可能性がある、と指摘したのである。

さて、もう一人の人物は、方向性のない進化という本来のダーウィン進化論が持つ革新性を、まったく別のアプローチを使って大衆に伝えた。それは英国のみならず、19世紀末から20世紀初めの世界に大きな衝撃を与えて、ダーウィンの独創が孕《はら》んでいた恐るべき本質をまざまざと社会に見せつけたのである。

恐るべき未来

「すると突然、黒い塊が沼地から立ち上がり、鋸歯《きょし》状に並べた鉄板のように輝いたかと思うと、すぐに窪みに消えてしまった。次に私は土の色と同じ薄い灰色のものが、霜にやられた土の上をあちこち走り回り、痩せた草を齧《かじ》っているのに気がついた。突然、1匹が飛び跳ねたのが見えた。さらに20匹ほど目に留まった。初めはウサギか、小型のカンガルーかと思った。しかし、近くまで跳ねてきた奴を見て、どちらでもないことがわかった。尾がなく、灰色の直毛で覆われ、それが頭部でスカイテリアの鬣《たてがみ》のように太くなっていた」

「そいつらは私を恐れず、ひとけのない場所のウサギのように、大胆に草を齧っていた。標本が手に入りそうだと思った私はマシンから降り、大きな石を拾い上げた。すると1匹が射程距離に入った。うまく石が頭に命中し、そいつはたちまちひっくり返って動かなくなった」

「あの小動物のかすかな人間味に、私はひどく困惑した。考えてみれば、肺魚があらゆる陸上の脊椎動物の祖となったように、人間性を喪失した人類が、最終的に多くの種へと分化しないわけがないのである」

1894年、ハーバート・ジョージ・ウェルズが送り出した小説『タイムマシン』は、遠い未来を旅してきた時間旅行家が、冒険を仲間に聞かせる物語である。ウェルズが描いた未来は、当時の大衆が抱く進歩した幸福な未来像とはかけ離れたものだった。80万年後の世界、そこにはひ弱で言葉もつたない子供のような姿のエロイと、地下に住み、狂暴で恐ろしい姿だが光に弱いモーロックという2種類の人類が住んでいた。モーロックは夜間しばしば地上に出て、エロイを襲って食糧にしていた。彼らは19世紀の資本家と労働者が別の種へと分化し、それぞれが独自に適応進化を遂げた結果だったのである。

モーロックの襲撃を受けた時間旅行家は、タイムマシンでその時代から逃れ、さらに未来へと向かった。人類らしき生物はいなくなり、奇妙なカニのような生物がすむ荒涼とした世界を訪れた後、最終的に3000万年以上先の未来に達した。そこには膨張して空いっぱいに広がる暗く冷えた太陽のもと、岩にこびりついた苔《こけ》や地衣類以外に生物の姿がない凍り付いた荒野と、血のように赤い海が広がっていた。そしてその波間を跳ね回る球形の生物らしきものを目にした後、元の時代に戻ってくるのである。

エロイとモーロックがその後どのような姿へと進化したかは、書籍化された『タイムマシン』には描かれていない。ところが実は当初の原稿には、次に訪れた時代として、彼らの行く末が描かれていたのである。それが「The Grey Men」という章で、先に引用したのはこの章に記された文章である。この章で描かれた人類の進化はあまりにも過激で、社会に与える衝撃が大きすぎるという理由で、書籍の出版に際し削除されたのである。

『タイムマシン』に描かれた人類の進化をこの章も加えて眺めてみると、ランケスターの「逆行的」な進化と、それを契機とした新しい性質の進化、という考えによく合致していることがわかる。また前述のハクスリーが論文に記した未来予測も描かれている。ウェルズは『タイムマシン』で、本来のダーウィン進化論が意味する、どこへ向かうかわからない盲目的な進化の姿を描いてみせたのである。

ウェルズが王立科学師範学校の学生だったとき、生物学の師はハクスリーとランケスターだった。ウェルズは彼らから正統的なダーウィン進化論を学んでいたのである。実はランケスターはウェルズの小説に、登場人物のモデルとしてしばしば登場する。『タイムマシン』に描かれた人類の進化と無方向的なダーウィン進化論の関係については、これまで多くの歴史家によって議論されてきたが、これがハクスリーとランケスターの影響という点でほぼ合意が得られている。

ハーバート・ジョージ・ウェルズ

のちにウェルズは『タイムマシン』執筆時を回想し、「当時は、進化は人類のために物事をよりよくする力であるという平穏な仮定があった」と述べている。また『タイムマシン』は、彼自身の「創造における無目的な拷問というビジョン」の表現として書かれたとも述べており、多くの歴史家は、これがハクスリーを通して伝えられたダーウィン本来の進化観を反映したものであろうと指摘している。

彼らは人間の進歩という、社会に取り憑いた呪いを払いのけてみせたのである。ところがそれは同時に、進化の呪いの下に隠れていた底知れぬ闇のような虚無の深淵――堕落とこの世の終わり、をあらわにする行為でもあった。

自然界のルールが人間社会の倫理や価値観と整合しないことを認識していたハクスリーは、生物の世界から科学的に導かれる進化の考えを、人間社会の問題と切り離すよう訴えていた。だが、そもそもダーウィン自身がマルサス経済学から理論の基礎を得たうえに、晩年には『人間の由来』のなかで、人間の美意識や性的魅力まで性選択で説明して、非常にきわどい結論を導いたうえに、心や道徳も究極的には生物学に根ざすとみていたわけで、進化と人間社会を分けるのは現実的に容易ではなかった。

現代でも進化心理学では、価値観の背後に人類の進化とそれに由来する遺伝的な基盤を想定する場合が多く、これを踏まえると生物進化と社会的な問題の境界はかなり曖昧になる。どこまでが自然主義の誤謬なのか、そう簡単には判断できないのである。もともとダーウィン以前から、人間社会の発展と生物の進化は一体的に捉えられてきたので、19世紀の時点でそれらを別物として扱うのは難しかったであろう。

ダーウィンの無方向で無目的な進化論と、幸福な社会の実現という理想との折り合いをつけようとした人々には、大雑把に2通りの対応があった。一つは、人間社会を発展させる精神活動は、進化と独立に作用すると見なすやり方、もう一つは、ダーウィン進化論を拡大解釈して、それを理想の実現に合致するものだとしてしまうやり方である。

第四章　強い者ではなく助け合う者

フェイクニュース

「最も強い者が生き残るのではない。最も賢い者が残るのでもない。唯一生き残るのは変化できる者である」（チャールズ・ダーウィン『種の起源』より）。

改革や自助努力、闘いの勝利を期待する企業経営者や政治家、それに政権与党の広報などが大好きな言葉である。「ダーウィンの呪い」の象徴的存在と言える。だがこの言葉を使っている人の思惑とは裏腹に、実はこの言葉はダーウィンの言葉ではない。『種の起源』にも出てこない。それどころか『種の起源』には、第7章のサマリーの末尾にこう記されている。

「そうした本能は、すべての生物を発達させる一つの普遍法則、つまり増殖、変化、そして〝最も強い者〟を生かし、〝最も弱い者〟を死なせることの、小さな結果だと考えるほうがずっと納得できる」

ダーウィンの真意は別として、進化の普遍法則とは、最も強い者を生き残らせ、最も弱い者を死なせることだと、ダーウィンは書いているのである。なぜこんなダーウィンが書いた言葉と正反対の意味の言葉が、ダーウィンの言葉として広がっているのだろう。

ケンブリッジ大学のDarwin Correspondence Projectによれば、この言葉は１９６３年に経営学者レオン・C・メギンソンが、『種の起源』からの引用として論文に記したものだという。その文章は以下のようである。

「ダーウィンの『種の起源』によれば、種の中で最も賢いものが生き残るのではなく、最も強いものが生き残るのでもない。生き残る種とは、自らがいる環境の変化に最もよく適応し、調整できる種である」

メギンソンの論文は変化する世界情勢の中で、米国の経営者が取るべき戦略を論じたもので、ロシア（旧ソ連）と欧州の発展を高く評価し、米国の没落を懸念する内容である。この言葉が登場するのは前半部分。生物は常に改善が必要で、変化なしに存続できないが、これは人間も社会組織も文明も同じ、と社会進化論的な序論を述べた直後である。

レオン・C・メギンソン

同じ言葉は1964年にメギンソンが発表した論文の冒頭にも現れる。内容は同じく激変する世界の社会環境に米国の経営者は適応しなければならない、という主張である。

またメギンソンの講義を受けた学生は、「ダーウィンは、強い者だけが生き残るとは言っていない。生き残る者は、環境を最も正確に把握し、それにうまく適応した者であると言ったのだ」という説明を聞いたと証言している。

これがダーウィンの名言として世界に広がってしまったのである。この言葉にはいくつかのバージョンがあり、「種」が「者」になったり、短縮されて後半が単に、「変化できる者」、になったり、強い種と賢い種の順序が入れ替わる（むしろこちらのほうが多い）、賢い種が省略される、などのケースが知られているが、どれも元はメギンソンだと考えられる。

なお、メギンソンは自然選択説ではなく、ロシアの博物学者カール・ケスラが着想した相互扶助による進化説に関心を持っていたとされている。しかしケスラはその説を死の数ヵ月前に行った講義録にしか残しておらず、この言葉がケスラまで遡るとは考えられない。

なぜメギンソンはこんな初歩的な間違いをしたのだろう。言葉の後半部分――「生き残るのは……」以降の目的論的でラマルク的な表現は、これ以前にダーウィンの言葉として誤って広がっていた「生存競争の中で、最適者がライバルに対して勝ち残るのは、環境に最もよく適応するのに成功したからである」の言葉の後半部分とよく似ているので、これを取り入れたのだという説がある。では前半部分はどこから来たのだろう。

勘違いにしては、あまりにダーウィンの記述と違いすぎる。なぜその逆の意味をダーウィンの言葉としたのか。それに「最も賢い」とは何だろう。賢いという言葉は、後半の意味と矛盾している。賢さは、人間とほかの生物を比べればわかるように、変化する環境に対応するのに、最も有効な性質のはずだからである。

実はこの話には意外な続きがあるのだ。

大杉栄がこの前半部分とそっくりな文章を残しているのである。

「そして彼（ダーウィン）は、斯《か》くの如き場合の最適者とは、体力の最も強健なる者でもなく、又は性情の最も狡猾なる者でもなく……」

賢いが狡猾《こうかつ》（狡賢《ずるがしこ》い）に、生存が最適者に置き換わっているが、意味としてはほぼ同じである。メギンソンの論文より40年も前の文章である。ただし、後半はこんな別の言葉になっている。

「……弱者も強者も相倶に其の団体の幸福の為めに相助け相救ひ合ふ道を知る者の謂《いい》である、と仄《ほの》めかしてゐる」

いったいどこからこの言葉が来たのかというと、これは大杉栄が翻訳したロシアの革命家兼生物学者、ピョートル・クロポトキンの著書、『相互扶助論』（Mutual Aid）に記された言葉なのである。現代の言葉で訳すと原文は次のようだ。

「彼（ダーウィン）はこう示唆している。この場合の最適者とは、肉体的に最も強い者でもなく、最も狡猾な者でもない。共同体の福祉のために、強い者も弱い者も等しく互いに支え合うよう連携することを知る者である」

クロポトキンはこのダーウィンの示唆を、『種の起源』ではなく、『人間の由来』から得たとしている。さらにこの後段にも「飢饉や疫病の大流行を生き延びた者は、最も強い者でもなく、最も賢い者でもない」という類似の文章がある。

アナキズムの巨人、クロポトキンがその進化説を確立する契機となったのは、獄中で読んだケスラの相互扶助に関する講演録であった。メギンソンによる「ダーウィンの言葉」は、メギンソンの関心事だった相互扶助、そしてケスラを通じて、クロポトキンとつながるのである。ケスラの相互扶助の進化説を紹介した古い文献は少ないが、そのうち最もよく知られ、かつ読まれていたのがクロポトキンの『相互扶助論』なので、メギンソンはこの本からケスラを知った可能性が高い。

革命家クロポトキン

後で詳しく述べるが、ここでクロポトキンがダーウィンの記述と逆の意味の言葉を、あえてダーウィンの考えとして書いたのには、確かな理由がある。生物学者でもあったクロポトキンは、ダーウィン進化論を独自に解釈し、相互扶助による進化説と結びつけたのである。『相互扶助論』のなかでクロポトキンは、ケスラによる相互扶助の着想を紹介し、それが実は拡張されたダーウィンの考えそのものだ、とも書いている。

またクロポトキンは、動物にとって、変化した環境に素早く適応し、進化できる点が重要で、これは人間も人間社会の進化も同じだと述べている。そしてそれを実現するのが、互いに支え合い連携することなのである。つまりこのクロポトキンの言葉の後半は、環境変化に最もよく対応できる者が最適者だ、という意味に置き換えることが可能だ。この考えが、権力への抵抗により人々は新しい社会組織をつくり、新しい環境に迅速な適応をとげる、というクロポトキンのアナキズム思想の核心でもある。

こうした状況を踏まえると、メギンソンによる「ダーウィンの言葉」の由来が見えてくる。恐らくクロポトキンの社会進化思想を背景に、前半のクロポトキンの言葉と、その社会進化の思想に合致する後半の言葉が合体したのだろう。

ピョートル・クロポトキン

ところでこの言葉は思わぬところで使われている場合がある。日本では人事院が公務員研修所を設置し、若手行政官の研修に努めているが、人事院は行政官としての素養を高めるため、「若手行政官への推薦図書」のリストを作成している。これは２０１１年に作成され、２０２０年に追加されているが、この両方のリストを参考とし、行政官として糧となる、有意義な読書経験を重ねてほしいと記されている。実は、このリストには『種の起源』が掲載されており、こんな解説文が添えられている。

「知らない人はいないほどの有名な書物ですが、読んだことのある人は少ないでしょう。（中略）『強いものが生き残るわけではなく、変化に対応できるものだけが生き残るのだ』と言うダーウィンの言葉は、生物進化の道筋を説明するだけでなく、現代社会で生きる人々への示唆に富んだものにもなっています」

鮮やかな自己充足的予言の手際に拍手を送りたいが、それはともかく、この言葉の出所が、国家廃絶に命を懸けたアナキストにして革命家クロポトキンの言葉だとすれば、なんとも皮肉な話である。

クロポトキン vs. ハクスリー

1870年代後半、とある二人組の霊能者が従兄のヘンズリー・ウェッジウッドを騙して取り憑いたのに腹を立てたダーウィンは、降霊会に息子とハクスリーを潜入させた。彼らにトリックを見破られた霊能者はダーウィン一族を恐れて近づかなくなったものの、怒りが収まらないダーウィンは、別の人気霊能者に目を付けた。オカルトが跋扈《ばっこ》する源になっているとして、人気霊能者の不正を暴くようハクスリーに依頼したのである。その霊能者は、死んだ親族と交信できるという触れ込みで、英国中の注目を集めていた。この仕事を請け負ったのが、当時学生だったランケスターである。ダーウィンとハクスリーを喜ばそうと思ったランケスターは、友人と降霊会に参加し、霊能者のトリックを暴いてみせた。

ダーウィンは手柄を立てたランケスターを誉め、必要な資金を渡して霊能者を詐欺師として告訴させた。ランケスターは霊能者を詐欺罪で告訴した最初の科学者とされている。ところが裁判の席上、霊能者の弁護側は強力な証人を連れてきた。アルフレッド・ラッセル・ウォレスである。ウォレスは霊能者の誠実さを保証し、詐欺師ではないと証言した。ダーウィンとウォレスが超常現象の実在を巡って争う立場になったのである。

ダーウィンとともに自然選択を発見したウォレスは、自然界の生物を支配するルールと人間の精神活動との折り合いが付けられなかった。人間の精神は複雑すぎて、生物と同じように進化したとは考えられなかったのだ。その結果、ウォレスはスピリチュアリズムに傾倒し始めたのである。

それから約10年後、クロポトキンが執筆した本を読んだウォレスは、その進化説には賛同しなかったが、なぜか人間性には強い共感を示した。地位や国の大きな違いにもかかわらず、クロポトキンの少年時代は自分と本質的な部分が同じで、それゆえ人間の本性は素晴らしく似ているのだ、と友人宛の手紙に記している。

一方、それから数年後、ランケスターはかつて霊能者を血祭りにあげたように、クロポトキンの科学者生命を断とうとした。ランケスターは雑誌上でクロポトキンを激しく非難し、自然科学者としての資格を停止すべきだ、と訴えたのだ。クロポトキンの論文は、「まったくの作り話」と「目に余る誤り」であり、健全な科学よりもイデオロギーを優先しているると非難した。また、獲得形質の遺伝を支持する証拠をでっち上げようとしているとして、その信頼できる証拠を即刻提出するよう要求した。

ランケスターはダーウィンの自然選択説とハクスリーを守ろうとしたのである。その頃、クロポトキンは、自然選択に対するラマルク的な進化の優位性を主張していた。また人間の倫理や価値観が関与する社会的な問題は、自然選択を始め非情なルールが支配する生物進化から分離すべきだ、というハクスリーの主張を厳しく批判していた。

クロポトキンの『相互扶助論』は、前述した1888年のハクスリーの論文に対抗するため出版されたものであった。クロポトキンはその中でこう述べていた。

「絶えず互いに戦っている動物と、互いに支え合っている動物と、どちらが適者か？　相互扶助の習慣を身に付けた動物のほうが、間違いなく適者であるとわかるだろう」

クロポトキンはキエフ大公国の始祖の血を引く、ロシア有数の公爵家に生まれた。代々宮廷での要職を担い、多数の農奴を所有する大地主であった。貴族の子弟のみが通うエリート養成校で優秀な成績を残し、普通なら皇帝の側近を経て帝政ロシア総督の地位が約束された人生だった。だが啓蒙思想に触れ、農民や労働者らへの抑圧に反発を強めたクロポトキンは、国家の存在を否定し、権力からの個人の完全な自由を目指す革命運動に身を投じることになる。そのアナキスト革命家としての波乱のストーリーと思想については割愛するが、クロポトキンの思想は独自の進化論に裏付けられていた。

その契機は22歳のとき、志願して周囲の人々を驚かせた、シベリアへの地理調査部隊への配属だった。酷寒の地で生きる鳥類や哺乳類の群れからクロポトキンが見出したのは、熱帯の島嶼《とうしょ》でウォレスが見出したような闘争的な世界ではなく、互いに助け合い支え合う、相互扶助的な世界であった。また動物の群れと同じように助け合って厳しい自然を生きる人々との出会いから、彼は、自然界だけでなく人間社会での相互扶助の重要性に気づく。そして人間社会に存在する相互扶助の構造に、国家が干渉するという悪弊を、科学的にも政治的にも確信するに至ったのである。

クロポトキンがシベリアで行った地理学的な調査結果は高い評価を受け、一躍著名な科学者の仲間入りを果たしたにもかかわらず、彼はその直後に革命運動を開始した。間もなく、逮捕投獄されたものの、脱獄に成功して西欧に逃れたのち、フランスで再び逮捕されたとき、獄中でケスラの説に触れ、それを契機に相互扶助の進化説を確立したのである。

もともと19世紀ロシアの知識人らは、マルサスの経済学に懐疑的だった。マルサスの理論が、ロシア社会の実態と相容れないものだったからである。人口の少ないロシアで、限られた食糧をめぐり闘争が継続するという考えは非現実的だった。ケスラはこうしたロシア独自の社会的背景から、進化においては闘争よりも相互扶助が重要だと指摘していた。

すでにダーウィン進化論を知っていたクロポトキンは、ダーウィンの「生存闘争」が生き物どうしあるいは生物と環境との関係の比喩であって、文字通りの闘争を意味しているわけではない、と理解する。第一章で触れたように、確かにそれは共生や協調行動を含む、広い意味で個体数の変化に差を生む仕組みの意味である。またダーウィンは『人間の由来』で、道徳、倫理、他人への共感、美、音楽など、人間特有に見える能力が、実際にはほかの動物にも（程度はともかく）見られるのを示そうとしていた。

そこで「ダーウィンが進化に重要だと思っていたのは、本当は闘争よりも、助け合い、倫理、共感、道徳的な行動からなる相互扶助のほうだったのだ」とクロポトキンは考えたのである。相互扶助の理論は、むしろダーウィン進化論に対する人々の誤った理解を正そうとするものであった。

これが『相互扶助論』に記された言葉――ダーウィンが示唆した適者（生き残る者）とは、最も強い者でも、最も狡賢い者でもなく、互いに助け合い支え合える者たちだ、という言葉に表れているのである。

実はこの言葉の中にある、最も強い者、最も狡賢い者、という語は、ダーウィンを理解していない（とクロポトキンが思っている）ハクスリーに向けられている。この本が、ハクスリーの1888年の論文に対する批判であったことを思い出そう。これらの語は、前の章で紹介したハクスリー論文中の言葉、「最も強く、最も迅速で、最も狡猾な者が、次の日の戦いのために生き残る」に対応している。クロポトキンの言葉は、このハクスリーの言葉を否定するための言葉だったのである。

ダーウィンからラマルクへ傾斜

クロポトキンは自身の言葉の正しさを裏付けるため、実際の観察事例も使っている。『相互扶助論』にはこう記されている。

「そして、ここに強盗（捕食者）がいる。最も強く、最も狡猾な者たち、強盗のために理想的に組織された者たちだ。そして、彼らの飢えた、憤激した、物凄い叫び声が聞こえる。彼らは、この鳥たちの群れから、無防備な一個体を掠め取る機会を何時間も続けて狙っているのだ。しかし、彼らが近づくとすぐ、何十羽もの見張り番が自発的に彼らの存在を知らせ、何百羽ものカモメやアジサシが強盗を追いかけ始めるのである。しかし、四方八方から攻撃され、またもや退却を余儀なくされる。それでも利口で社交的な鳥たちは、強盗がオジロワシなら素早く群れをなして飛び去り、ハヤブサなら湖に飛び込み、トビなら徒に水しぶきを上げて襲撃者を困惑させるのである」

クロポトキンとハクスリーの進化観は正反対であった。生物の世界をクロポトキンは相互扶助、ハクスリーは闘争の世界と見た。クロポトキンは生物も人間社会も共通の原理が働くと考え、ハクスリーは生物の進化を人間社会に当てはめてはならないと考えた。クロポトキンは生物の世界も道徳・倫理に従うと考え、ハクスリーは道徳・倫理は人間社会だけのものだと考えた。またそれゆえに、クロポトキンは無政府主義を唱え、ハクスリーは政府の役割を重視した。ところが驚くべきことに、ハクスリーだけでなく、クロポトキンも、自分こそがダーウィンの考えを一番よくわかっている、と思っていたのである。

彼らはどちらも自説の正当化に「ダーウィンの呪い」を利用していたのだ。

ちなみに、クロポトキンも進化を進歩だとは思っていなかった。その歴史思想にはやや進歩的な要素が含まれるが、無政府社会が未来の最終形態の社会とは考えていなかったし、社会は上向きにも下向きにも、常に変化し続けるものだと見ていた。これは同じくダーウィンから影響を受けたカール・マルクスの思想とは対照的だった。マルクスの唯物史観は、共産主義社会という最終形態のゴールに向かう進歩を想定していたのである。

クロポトキンは、生物が示す相互扶助への衝動は、生存に有利なものであるはずなので、進化の過程で積極的に選択されうる、と主張した。さらに、同種のみならず種を超えた個体間の友好的な交流や「遊び」が、多くの生物の行動で観察されていることから、こうした交友関係や社会性が生命活動の基盤だと考えた。群れで集まり、コミュニケーションを図り、協力することが基本的な衝動となっている生物界の姿を描き出したのである。

その考えは、生物の世界と人間社会に共通のルールを当てはめる点で、キッドの社会進化論と共通しているが、協力と助け合いを進化の駆動力とする点で、性質が異なる。ハクスリーとは別の形で、「闘争の呪い」を解こうとした、とも言える。

だがクロポトキンには、こうした相互扶助的な性質の進化を自然選択だけで説明するのは困難だった。相互扶助する利他的タイプは、集団内に利己的タイプが現れると負けてしまう。そこでクロポトキンは集団選択を想定していたものの、うまく説明できなかった。そのため、ラマルク的な獲得形質の遺伝に傾斜していかざるを得なかったのである。

自然選択と利他性は両立するのか

「自然選択は個人と同様に家族にも適用でき、それによって望ましい結果を達成できることを思い出せば、この問題は消え去ると思う」

実は集団選択以外にも、ダーウィンはクロポトキンの抱えていた問題を解決するヒントをすでに『種の起源』に記していた。不妊の働きバチが血縁者、特に女王バチを助けるのはなぜか、という社会性昆虫の進化に関する疑問に対し、ダーウィンは、血縁者のレベルでの利他主義に自然選択は有利に働くのではないかと仮説を立てていたのである。不妊の種族が生み出され、他者を守るためにしばしば命を懸けるという問題は、血縁関係を考えれば自然選択で説明がつくのである。

20世紀半ば、遺伝学者J・B・S・ホールデンは、個体の適応度を低下させる代わり、その個体が属する集団のほかのメンバーの適応度を上昇させる遺伝子を考えた。ホールデンのシナリオは次のようなものだ。

あなたが自分の行動に影響を与える遺伝子を持っているとする。川で児童が溺れそうになっている。あなたが飛び込めば児童は助かるが、自分が溺れる確率は10分の1であるとしよう。つまりあなたは溺死するかわり、児童を10回助ける確率だ。もし助けた児童らが全て別人で、あなたの子や弟妹なら、どの児童もこの遺伝子を2分の1の確率で持っている。この場合、あなたの死で遺伝子が一つ失われても、同じ遺伝子が五つ助かる。孫や甥の場合は、2・5個、もっと血縁が遠ければ遺伝子を得るよりも失う可能性のほうが高くなる。

このように血縁者を助ける、という性質を持つ遺伝子のほうが、ほかの遺伝子より高い確率で子孫に受け継がれた場合、そして同じことが何世代も続けば、集団にその遺伝子が広がり、利他的な性質が固定する。従ってホールデンはこうした利他行動をもたらす遺伝子は、血縁関係にある小さな集団の中で広まる、と考えた。

だがホールデンはその明確な定式化は行わなかった。

ダーウィンが仮説を考えてからおよそ100年後、ウィリアム・ハミルトンがその定式化に成功する。利己的な個体に対し、利他行動を行う個体の繁殖成功率の減少分をコスト、利他行動によってその個体と遺伝子を共有する血縁個体の繁殖成功率が増す分を利率とする。ハミルトンはこの利他主義のコストと利率、それに血縁度（共通の遺伝子を持っている確率）を加えたモデルを構築し、利他行動が進化する条件を、利率と血縁度の積がコストを上回るとき、と求めたのである。

ここで改めて利他主義を「ほかの個体を助けるがそのために何らかのコストを負担する行為」と定義しよう。ロバート・トリヴァースは将来、利他行動の見返り（あるいは返済の約束）がある場合に起こる利他主義を互恵的利他主義と呼び、条件によりこれが進化することを示した。相手を助けたときに損をしても、あとから同じだけ見返りがあるので、差し引き損得ゼロのうえに、お互いに助かるので、全体としてメリットが上回る。従ってそのような性質が自然選択で進化しうるのである。

鳥類や哺乳類の間で行われる相互の毛づくろい、鳥類、哺乳類、魚類の群れに見られる、捕食者の監視、餌の分配——例えばチスイコウモリが採餌に成功してねぐらに戻ったとき、空腹な巣の仲間のために食べ物を与える、などの行動が、互恵的利他主義の例とされている。

また人間のように極端な利他行動も、他者の評価や評判によって協力者が得られやすくなれば、トータルで利益がコストを上回り進化しうる。

ただし、これらのシステムでは、裏切り者が出ると破綻してしまう。助けてもらうだけで何もしない裏切り者のほうが、メリットが大きいからである。従って、こうした裏切りを防ぎ、確実な見返りが与えられる必要がある。ロバート・アクセルロッドは、相手が協力すれば自分も協力するが、相手が裏切ったら自分も裏切る、「しっぺ返し戦略」が、進化することを示した。

このように利他行動を維持するルールという意味で、道徳的判断や行動規範に該当する性質の進化が説明できたことになる。

第一章で説明した、遺伝子、個体、集団など生物の複数のレベルに、自然選択が同時に作用しうるというマルチレベル選択も、利他的行動の進化をもたらす。しかしそれにマルチレベル選択が作用する場合、通常は血縁選択や互恵的利他主義と形式的に同じものになる。そのため、マルチレベル選択をモデルとして不要とする主張も根強くあったが、状況によって社会性の因果関係を説明するのに、それぞれ有利不利があり、最近ではどちらも使われている。

いずれにせよ利他行動はバクテリア、菌類、植物を含め、あらゆる生物群で進化している。これらの利他行動とそれを維持するルールの体系、つまり道徳的な仕組みは自然選択により進化しうる。

かくして人間の様々な利他行動、つまり相互扶助の進化に、ほかの生物と共通の仕組みである自然選択が想定できるようになったのである。

「道徳と倫理」と自然選択

道徳と倫理にはいくつかの意味があり、定義も困難である。功利主義者なら、道徳の要件に幸福を重視するだろうし、カント主義者なら理性に重きを置くだろう。だが、ここでは広い意味で道徳を個人が守るべき行動規範や善悪の基準とし、倫理を社会的な行動規範としよう。

人間の場合、道徳の構成要素は、個人の特性と、集団の特性からなる。前者は例えば、共感や罪悪感などの感情、自制心、推論能力などの認知的な能力で、後者は、協力、利他行動、社会文化的規範などである。これら個人と集団の特性はすべて絡み合っている。

複雑な利他行動や協力行動については、それを可能にする高度な認知能力が自然選択で進化してきたことを支持する証拠がある。高次の思考過程や認知に関係する大脳新皮質が発達するゾウと人間では、大規模なゲノム解析から、脳で精神活動に重要な機能を果たす遺伝子群が特に強い自然選択を受けてきたことが示唆されている。人間の場合、社会規範を内面化していないとされる2歳児でも、他者に恩恵を与えようとする強い向社会性を示し、少なくともその基礎は進化で獲得された生得的な性質であると考えられる。

動物の中には高い認知能力を持つとともに、向社会性を示すものがいる。類人猿、クジラ、イルカ、ゾウや、鳥類の一部は、道徳の要素である共感や利他行動、自制心、信頼関係のような、複雑な精神活動が見られる。

例えば群れで棲むカササギフエガラスは、協力して仲間を危険から救出することが知られている。さらに、ほかの仲間が食べ物を持っているかどうかに注意を払い、不足しているときには補ってやるなど、初歩的な道徳的判断を示す。この鳥の繁殖成功は、認知能力の高さと正の関係があり、認知能力と向社会性が自然選択で進化したことを示唆している。

また仲間と協力して狩りを行うイルカ類や霊長類でも、利他行動に加えて、初歩的な道徳的判断力が獲得されていることが知られている。このように道徳性は、異なる脊椎動物で独立に進化しているのである。

現代の知識をもとに過去を振り返ると、クロポトキンが、野生動物に広い意味で道徳や倫理観に相当するものがあり、それは人間と共通の仕組みで進化したと考えたのは誤りではなかったのだ。しかしその仕組みに気づいていたのはダーウィンであった。またそれはハクスリーが重視した自然選択のプロセスでもあった。ただしハクスリーは人間社会の道徳や倫理に該当するものは、野生動物ではほとんど無視できると考えていた（章末註）。

ハクスリーもクロポトキンもどちらもダーウィンを完全には理解していなかったのである。また同時に、ハクスリーはクロポトキンがわかっていなかったダーウィンの考えを理解していたし、クロポトキンはハクスリーがわかっていなかったダーウィンの考えを理解していた、とも言えるだろう。

だが、実は道徳を生物進化で説明できるのかというクロポトキンとハクスリーの論争は、まだ終わっていない。

「道徳的信念はすべて生物学的な進化のプロセスの産物である」と見なす哲学者のリチャード・ジョイスは、「普遍的な真の善があると考える根拠はない」と述べる。それが盲目的な自然選択の結果なら、何が善かは個別の条件に依存するからだ。これに対し、道徳的信念は生物学的プロセスだけでは説明できない、と主張する哲学者もいる。例えばデヴィッド・エノックは、私たちに善という信念があるのは、客観的な真実としての道徳的な善が存在し、それを進化が反映した結果だ、と主張する。

この問題は、「幸福」や「快楽」の感覚の増大といった生物学的な事実から、「善」のような価値を導けるのか、という問題とも関係する。スペンサーが唱えた「進化（進歩）による幸福の増大は、善である」という主張に対し、20世紀初め、G・E・ムーアは、〝幸福の増大〟という自然の事実と、〝善〟という道徳的な価値は同一視できないとして、前者から後者を推論することを「自然主義の誤謬」と呼び批判した。またムーアは、もし両者が等価なら、〝幸福が高まること〟は〝善〟なのか？　と疑問を持つはずがないにもかかわらず、多くの場合、人々がこの関係を疑問に思うのは、両者が分析的に等価ではないからだ、と説いた。この「未決問題論法」に従えば、生物学のみならず、自然主義だけで善は説明できないことになる。

科学的事実に善悪はない——現在でも事実と価値の二元論をとる立場が一般的だ。しかし道徳感覚が脳内で処理される仕組みや社会的機能次第で、生物学的な事実と善という価値のギャップを埋められるという主張がある。自然主義の立場でどこまで善の理解が可能なのか、という問題は今なお議論の渦中にある。

〝最適な者は、最も強い者でもなく、最も狡賢い者でもない〟——ここから始まった論争は、何が「善」で、何が「真理」なのかという、私たちの価値観の本質をめぐる最先端の論争へとつながっているのである。なお、この事実と価値に関する問題は、道徳律のような規範や価値判断の問題とは別なので注意しておきたい。

〝道徳の遺伝子〟

道徳的な正しさとは何か、という問題は古くから膨大な議論が戦わされてきた。例えば、功利主義、カント主義、義務論、社会契約論を始め、無数の考え方がある。哲学者ジェームズ・レイチェルズは、こうした様々な立場を整理し、宗教的な理由を排除したうえで、「人々が可能な限り幸福である」とともに、「日々の生活をよりよくし、すべての人の利益が同じである」ための、人間関係の原則が道徳の規準であるとしている。

ローレンス・コールバーグは、人間の道徳判断は、社会的経験を経て、必要な価値観や知識を身に付け、段階的に発達すると考えた。しかし実際の道徳的判断はほとんど直観で行われ、むしろほかの認知的判断より高速で行われる。これは危険回避のための協調行動や、不正を行った個体に対する報復行動などと関係した、進化的な適応の可能性を示唆している。そこでジョナサン・ハイトは、人間が持つ他者との競争に勝ち抜く利己的な性質と、利他主義や集団主義、相互扶助の性質が、ともに生物進化のプロセスの産物であると指摘し、道徳的判断が進化による遺伝的背景を持つとした。これに対し、ロバート・ボイドは、道徳的判断の文化的な要因を重視した。文化的要素の学習、伝達により、協力関係が文化のレベルでも自然選択と類似したプロセスで発達すると考えたのである。文化レベルでも生物進化と似た変化が起き、それと遺伝子レベルの進化の相互作用で複雑な利他行動が社会に定着するというモデルである。

進化心理学では、人間が示す様々なタイプの利他行動が、どのような仕組みで進化してきたかが研究されてきた。その背景にあるのは、人間の感情的反応や行動の選択は、戦略的利益、つまり生存と繁殖に有利な性質だったかどうかの結果、という解釈である。価値観に関わる人間の属性も、脳のハードウェアが関係しており、部分的には遺伝的な支配を受けていることが指摘されている。

現在では膨大なゲノム情報を利用して様々な人間の特徴や性質、疾患などの遺伝的基盤が推定されている。主に使われている方法は、一塩基多型（ＳＮＰ）から、こうした性質と関係した遺伝子を統計学的に調べる方法――ゲノムワイド関連分析（ＧＷＡＳ）である。この手法が普及して以来、様々な疾患や身体的特徴に対し、どんな遺伝子が関わっているか幅広く推定されるようになった。精神活動や心理的な性質もその解析対象となっている。

例えば、現生人類、ネアンデルタール人、チンパンジーのゲノム分析から、自己認識、向社会的行動、創造性などに関係する、現生人類に特異的な遺伝子群が推定され、現生人類では、これらの遺伝子に有利な自然選択が働いてきたと考えられている。道徳的な資質も例外ではない。「正直」や「嘘をつく」には、前頭前野の神経機構が関わっていることが知られている。各神経系は特徴的な神経伝達物質のセットに依存しており、それらの物質を産生、または調節する遺伝子は、道徳的判断に影響を与える可能性がある。実際の道徳的行動は、価値観、動機づけ、社会的認知、認知制御などを調節する多数の神経系によって媒介されるが、これらはドーパミン、セロトニン、オキシトシン、アルギニン―バソプレシンの受容体などを支配する、幅広い神経調節機能を持つ遺伝子に依存しているという。

高度な道徳的判断の例として、功利主義と義務論の道徳的なジレンマを伴うトロッコ問題を考えてみよう。トロッコが線路上を暴走している。このままだと線路上にいる５名の作業員全員に衝突する。この５名を助けるためには、レバーを引きトロッコの進路を変えればよいが、そうするとそちらの線路上にいる一人の作業員に衝突する。レバーを引いて

トロッコ問題
5人の作業員を救うために、1人の作業員の犠牲は許容されるのか

トロッコの進路を変えるべきかどうか、という問題である。さらに強いジレンマを伴う例として、この5名を救うため、線路にかかる歩道橋の上にいる一人の人物を線路上に突き落としてトロッコを止めるべきかどうかという問題もある。

　実はこの道徳的判断に、オキシトシン受容体遺伝子（ＯＸＴＲ）の多型が関与すると指摘した研究がある。この研究によれば、一人を犠牲にしてトロッコを止めるかどうか、つまり功利主義的に最大多数の最大幸福を採用するか、それとも結果にかかわらず、人に危害を加えたり、反道徳的な行いをしてはならないという義務論的立場をとるか、その判断に単一の遺伝子多型が影響を与えている可能性があるのだという。

　また、ＯＸＴＲの変異は共感性とも関係することが知られている。道徳性と共感の関係は複雑で未知の点が多いが、共感性に関与する脳部位を損傷すると、前記の問題で功利主義的な立場をとる傾向が強まるという。

しかし文化と教育で創り出された社会に備わる規範の役割は依然として大きい。普遍的な要素もあるとはいえ、道徳的行動と考えるものは、文化によっても、また時代によっても異なっている。また、状況依存的でもある。定義も難しい。生物学者と法学者、哲学者では道徳の概念が異なる。複雑な関係の過度な単純化により、みかけの相関を誤って解釈したり、説明できる部分だけの説明を過大評価している可能性もある。従ってこうした単純な遺伝的支配の主張には、注意が必要である。とはいえ進化学者たちは遺伝学や神経科学の研究から、道徳的行動に進化の産物が含まれる可能性が無視できない、と考えるようになりつつある。

では逆に、反道徳的行動、反社会的行動についてはどうだろう。

暴力的な事件を犯すリスクの高い遺伝子として、脳内のドーパミンとセロトニン量の制御に関係するMAOA遺伝子と、神経結合に関与するカドヘリン13遺伝子の変異体などが報告されている。MAOA遺伝子は、神経伝達物質のセロトニン分解に不可欠なモノアミン酸化酵素Aという酵素をコードしている。MAOA遺伝子に突然変異が生じて機能が欠損したり、酵素活性が低下すると、攻撃的な行動をとる傾向が強くなるとされる。マウスを使った実験で、MAOA遺伝子をノックアウトするとやはり、攻撃性が上がるという結果が得られている。この遺伝子の変異と攻撃性の原因は、社会的評価や感情調節に重要な脳部位における過剰なセロトニンの影響と考えられているが、その根源的な分子、神経機構はまだ未解明である。特に重要な点は、成育環境の影響が非常に大きい点である。この遺伝子と犯罪の関係は複雑であり、幼少時のストレスや虐待という不利な経験がなければ、犯罪に及ぶリスクは著しく下がるとされている。そのためこの関係を調べた論文では、それが遺伝的な効果なのか、それとも環境からの刺激に起因するのか、という意味で、「生まれか育ちか」という言葉が往々にして登場する。

環境との相互作用の仕組みは未解明だが、いずれにせよ、道徳的行動のみならず反社会的行動に対しても、遺伝的な要因を想定するケースが増えつつある。

かくして現代の私たちは、「善」「悪」「倫理」「犯罪」「道徳」という価値観を、遺伝的変異、つまり盲目的な進化の結果として説明するツールを手に入れてしまったわけだが、これは私たちにとって果たして福音なのか、新たな呪いなのか、それとも何か別の魔物を呼び寄せることになるのだろうか。

いや、話はそんなに単純ではない。だから心配は早計という見方もある。こうした単純な性質と遺伝子の関係が成り立つことはめったにない。たいていの場合、一つの性質に多数の遺伝子が関わっている。性質と遺伝子の関係は非常に複雑で、ゲノムの広範なネットワークが関与する場合もある。ある遺伝子が発現する性質は、どんな遺伝子と組み合わさるかで変わるし、同じ遺伝子が異なる性質に影響する多面発現の効果もある。また環境の影響を受けて可逆的に作用するエピジェネティック※な機構もある。従って、どの遺伝子がどの性質、どの精神活動に関与しているか、という単純な理解では不十分なのである。

にもかかわらず、急速に蓄積した膨大なゲノムデータを利用して、個人の様々な性格、適性、価値観などを推定したり、判断するようになってきた。米国や英国では消費者が企業から提供された自身のゲノム情報を使い、データベースにアクセスして発病リスク、家系、健康状態を分析できる。また1000以上確認されている、認知能力に関わる遺伝子データを利用し、教育分野に進出している企業もある。米国では、雇用や昇進、解雇の目的でゲノム情報を使用することを法律で禁止しているが、社会的な利用は急速に広がりつつある。

ここではその是非には触れない。ただ、往々にして歴史は繰り返し、過去は蘇る、という点だけ伝えておきたい。いや、最先端のゲノム科学で見たこともない新世界が切り開かれつつあるというのに何を、と思うかもしれない。だが技術が更新されても、中身は意外に変わらぬものである。

たとえば、ここで紹介したような、性質と遺伝子の関係を推定するゲノムワイド関連分析の中核的な役割を担っている手法は、古典的な統計学である。データベースの膨大なD

※エピジェネティック……「変異」がDNAの塩基配列の変化なしに起こる、非遺伝的という意味。DNAのメチル化やヒストン修飾などによって遺伝子のオン・オフが制御される

NA塩基配列情報を高速の計算機で処理するという革新性の一方で、知りたい関係を検出する手段の中心は、相関、回帰分析を始め、検定、有意水準や有意差、多変量解析（主成分分析など）の概念と手法である。そこで想定されている遺伝子型と表現型の関係も、実はかなり昔の進化学的に由緒ある理論を基礎としているのだ。

ゲノム編集で「超人」を作ることが許されるのか

現在ではゲノム編集（CRISPR-Cas9）で容易に特定の遺伝子を改変し、希望する遺伝的性質を作り出せるようになっているが、その人間への応用の可否に注目が集まっている。中国では実際に賀建奎《フージェンクイ》のチームが双子の胚の遺伝子を編集し、HIV（エイズウイルス）耐性を持たせた子供を作り出すのに成功したと発表した。ただし中国を始め世界中の科学者がこの行為を強く非難する声明を出し、研究者チームは有罪判決を受けている。

人間も人間社会も人為的な進化が射程に入っている、と唱える人もいる。

生殖細胞系列を遺伝的に改変し、遺伝性疾患の治療だけでなく、既存の人間の能力を増幅させたり、新しい能力を持たせたりする遺伝的強化を試みよう、というのである。技術的な手段によって人類の進化をコントロールし、人類を改良したり、あるいは人類以後の種を進化させたりするべきだ、と主張する者もいる。

情報工学、機械工学、物質科学、生命科学などのあらゆる科学技術を利用して、現在の人間が持つ能力の限界を超えた超人を作り出す、という考えは、トランスヒューマニズムと呼ばれている。生殖細胞系列の遺伝的強化で通常の能力を凌駕する能力を人間に与え、超人類を進化させるというのも、トランスヒューマニズムの支持者が主張する考えだ。

それを許容すべきか、するとしたら基準は何か。判断のために必要なのは倫理と道徳だ。だが事態はそうした既存の規範を超えつつあるのかもしれない。なぜなら私たちは、その倫理と道徳さえ無目的な進化の帰結として相対化し、さらには物質に還元したうえ、部分的にせよ自由勝手に操作する意思を持ち始めているからである。人間の道徳性を高めるために、善悪の意識、共感性、自制心などを操作することが可能かどうか、議論が始まっているのである。

多くの生物学者や哲学者は、重篤な遺伝性疾患の治療を除けば、個人の生殖細胞系列の遺伝的な改良を許容しない立場である。例えば哲学者マイケル・サンデルは、それが人生を贈り物と見なすことを脅かし、ありのままを大切にする意志を損ない、自分の意志の外にあるものを見たり肯定したりできなくなるとして反対している。また、この問題の本質は、子の設計を企図する親の傲慢さ、出生の神秘を支配しようとする衝動にあると主張する。

これに対し、リバタリアニズムの指導的な思想家や哲学者らは、個人の意志による遺伝子の選択と改良には賛同する場合が多い。『種の起源』が出版された1859年に、ジョン・スチュアート・ミルは、著書『自由論』のなかで、個人の自由を権力が妨げるのを正当化できるのは、他者への危害を防ぐ場合だけである、と主張したが、リバタリアニズムは、この「害悪の原則」に基づき、個人の自由と身体的自律性を重視し、擁護するからである。

オックスフォード大学の哲学者で生命倫理の権威、ジュリアン・サヴァレスキュは、ミルが掲げた原則をもとに、個人の自由と自立性は、個々のカップルの選択に拡張できるとしたうえでこう述べる。

「遺伝的な改変による人間の能力の強化は、単に許されるだけではない。強化すべきである。自分自身や自分の子供の能力を遺伝的に強化する倫理的、道徳的な理由が存在する」

サヴァレスキュは、自分や自分の子供の病気を予防し、治療するだけでなく、生活の質と幸福の根本的な向上を目指すべきだと考えている。そのために特定の遺伝子を持つ胚を選ぶだけでなく、その遺伝子の意図的な改良も進めるべきだと主張する。例えば、認知能力、各種の才能、気質、性格に加え、道徳性、共感力、自制心、罪悪感なども、遺伝的に向上を目指すべき性質に含まれる。現代社会が抱える様々な困難を解決するには、道徳的な向上が必要で、その有力な手段はトランスヒューマニズムだという。仮に人間の生物学的な状態が技術の進歩による変化に服したとしても、道徳的価値の喪失やその損害の見込みはない、と説く。

子供を賢くし、共感力や自制心を育むために効果的な環境に置くのと、子供に薬を与えるのと、子供の脳や遺伝子を直接変えるのと、倫理的な違いはない、つまり環境的な介入と遺伝的な介入との間には、倫理的な違いはないのだという。生物学的な改善策と環境的な改善策に違いがなく、幸福になるための生物学的操作が倫理的である以上、本人の利益になり、合理的で安全であり、最高の人生を送る機会を増やし、不当な不平等や差別が避けられるなら遺伝的強化も、トランスヒューマニズムも人類にとって義務だ、とサヴァレスキュは述べている。

進化を進歩に変える試み

しかし倫理的な問題はさておき、得られた知識を遺伝的強化という応用に移す前に、検討すべき問題が三つある。第1に、果たして私たちは自然——生物としての人間を、どこまで正しく理解できるか、そして正しく理解したという判断、つまり応用を進めるのに十分な科学的根拠があるという判断は、どうすれば可能なのかという点だ。

例えば無限の複雑さを持つ人間の精神活動の解明は容易でなく、因果関係がわからぬまま相関関係だけに基づいた憶測や、再現性に乏しい研究結果も非常に多い。特に個人の道徳性は、時間や状況によって安定しないものである。遺伝的な要因は、道徳的行動の個人差に対し限定的な影響しか持たない、という意見は依然として強い。

第2に、幸福や個人の利益は、多元的であるという点だ。例えば、双極性障害や統合失調症のリスクを高める数千のSNPs※が知られているが、それが可能かどうかは別として、これらの遺伝子を避け、受け継がないようにするのは、個人の幸福と利益を高めるだろうか。実はこれらの遺伝子型から求められた双極性障害と統合失調症リスクが高い人ほど、俳優、ダンサー、音楽家、作家などアーティストとして雇用されているか、その組合に所属している確率が高い、という報告がある。不幸のリスクは成功や幸福のポテンシャルと拮抗する可能性があるのだ。

個人や社会の価値観は変化するし、何が幸福かは本人でさえ決められない場合も多いだろう。

そして第3は進化だ。サヴァレスキュによれば、「人類の次の進化は、合理的な進化である。生き残り、繁殖し、病気にならない可能性が最も高く、最高の人生を送る機会が最も多い子供が選ばれる」のだという。

※SNPs……一塩基多型。個人間における、ヒトの遺伝情報を担うDNAの塩基配列における1塩基の違い。塩基配列の違いが1%以上の頻度で出現しているとき、その塩基配列の違いを多型と呼ぶ。1%以下である場合は、変異と呼ぶ

進化は進歩ではない。偶然のせいで、どこに向かうかわからない。不幸な未来が待っているかもしれない。それなら人間の力で進化を進歩に変え、幸せな未来にしてしまおうという意味だろうか？　もしそうなら、意図的な遺伝子の選択と改変により、目標も方向もなかった生物進化に、幸福、という目標が与えられることになる。サヴァレスキュはこう述べている。

「これまでの進化は、私たちの人生がいかにうまくいくかと無関係であった。しかし私たちはそうではない」

さて、この言葉の意味は何か、またそれが可能かどうかは別として、人類の進化が進歩でないと気づいただけでなく、それを進歩に変えてしまおうと考えた人々は過去にいた。歴史は問題を解決したり、答えを出してくれるわけではない。しかしどんな考えで何をすれば何が起きるか、何を覚悟しなければならないかは教えてくれる。

功利主義者であるにもかかわらず、現代のリバタリアニズムの規範を掲げたミルは1873年、皮肉にも自伝にこう記している。

「人間の性格の顕著な差異をすべて生得的なものと見なし、その大部分を消えないものと考える傾向があること、そして個人、人種、男女の違いにかかわらず、性格の差異の大部分は環境の違いで生じるだろうし、それが当然だという、動かぬ証拠を無視する傾向が広くあることは、重要な社会問題を合理的に扱ううえで大きな妨げとなり、人類の改善にとって最大の障害の一つだと長い間感じてきた」

というわけで、もう一度19世紀末に戻ろう。努力して得た力は子々孫々に受け継がれる、と考えたスペンサーが、幸福な未来の実現を信じて自助努力による進化を説いていた時代、一方、ハクスリーやその意を受けた者たちが、そうした「進化の呪い」を解いて、そのかわり予測も期待もできない、どこへ向かうかわからない未来の姿を社会に示そうとしていた時代である。

（章末註）ハクスリーは動物にも協力など道徳の前駆的な性質を認め、それが自然選択の結果であるとみたが、動物のそれと人間社会の複雑な道徳体系とは別物で区別すべきと考えていた。

第五章　実験の進化学

スペンサーvs.ヴァイスマン

「スペンサーの論文は非常に強力で、英国の支持者たちには決定的だと思えたが、ヴァイスマンも同じく強力な反論を行った。（中略）両者とも攻めには強く、守りには弱い」

ヴァイスマンとスペンサーが激突した自然選択説対ラマルク説の、歴史に残る一戦の印象を、米国の古生物学者ヘンリー・F・オズボーンはこう書き残している。

1885年の論文でヴァイスマンは、両親から子供に遺伝する物質は、生殖細胞からしか遺伝せず、両親の体の細胞（体細胞）からは伝わらない、と主張した。生殖細胞すなわち配偶子（動物の精子や卵子など）の元になる細胞が、発生の早い段階で、ほかの身体組織を作る体細胞から分離するのに気づいたヴァイスマンは、生殖細胞と体細胞の間に明らかな伝達手段が見当たらず、後天的な特徴の継承は不可能とみて、体細胞で新しく遺伝物質が獲得されても、それは子孫に伝わらない、と結論したのである。

またヴァイスマンは、約20世代にわたってネズミの尾を切る実験を行い、尾を切られてもそれが子孫の特徴に影響しないことを確かめ、獲得形質の遺伝は起こらないと主張した。ダーウィンの進化論に含まれていたラマルク的な要素を、完全に排除したのである。

遺伝は生殖細胞からしか起こらない、従って体細胞が獲得した変化は遺伝せず、進化は自然選択でしか起こりえない、というヴァイスマンの考えは、ランケスターやハクスリーらに歓迎された。彼らはヴァイスマンの主張を盛んに宣伝した。一方、ラマルク説の支持者にとってこの主張は容認できないものだった。

１８９３年、『Contemporary Review』誌で論争の火蓋《ひぶた》が切られた。先制攻撃はスペンサーからだった。「生殖細胞と体細胞の間で情報のやり取りがない、というヴァイスマンの主張は立証できていない」と、スペンサーはいきなり弱点を突いた。体内で放出されたタンパク質分子が、卵細胞を通過する可能性を挙げ、親の性質の情報が生殖細胞に伝達されたとしか考えられないケースを、ウマやイヌの育種の事例から示した。またヘラジカの角のような動物の複雑な構造を進化させるには、骨格、筋肉、神経、行動が相互に同調しつつ変化しなければならず、それが自然選択で実現する確率は極めて低い、と主張した。スペンサーは複雑な形に加え、眼が消失するような逆行進化も、自然選択で進化するのがいかに困難かを説明したうえ

アウグスト・ヴァイスマン

で、こう記している。

「自然選択、あるいは適者生存は、もっぱら植物界など受動的な下等生物で作用している。しかし、高等な動物になるにつれ、後天的に獲得された形質の遺伝の効果と結びつく。複雑な構造の動物では、後天的な獲得形質の遺伝が、本質的とまでは言わずとも、主要な進化の原因となる」

これに対し、ヴァイスマンはすかさず痛烈なカウンターを放った。社会性昆虫のアリを例に、兵アリが持つ大顎などいくつもの発達した器官が、自然選択でどう同調しつつ進化しうるか、また逆に働きアリの退化した器官がどう進化しうるかを説明してみせたのだ。しかもそれは獲得形質の遺伝では説明できない進化だという。理由は、働きアリも兵アリも、子孫を残さないからである。ヴァイスマンは、彼らの進化は、彼らの活動を通して生じた自然選択が、女王アリの繁殖に作用することでしか起こらない、と結論した。

この攻撃は決定的に見えたが、スペンサーはそれをかわし、カウンターを打ち返した。社会性ハチの例から類推し、働きアリは、本来繁殖能力も発達した器官も持ちうるが、女王アリによってそれを阻止されているのだ、と反論したのである。それゆえ働きアリは退化したように見えるだけだ、とスペンサーは主張した。祖先は南米のグンタイアリのように攻撃性が高かったはずで、その発達した特徴が兵アリに残されているのだという。つまり社会性昆虫のカーストを支配しているのは女王からの制御物質であり、遺伝的要素ではない、逆にラマルク的進化で説明できる現象だ、と主張したのである。

ちなみに現在では、多くの社会性昆虫の分類群で、カーストには環境要素と遺伝的要素の両方あることが知られている。ミツバチでは、女王バチから分泌されるフェロモンが、働きバチの卵巣発育を抑え、カーストを制御することが知られている。一方、ヒアリの仲間の交雑集団では、カーストが遺伝的に制御され、雑種の遺伝子型を持つ個体が働きアリ、純系の遺伝子型が女王アリになるという。またヤマトシロアリでは、女王の単為生殖か有性生殖かでカーストが制御されている。

ネオ・ダーウィニズム

さて、オズボーンの判定では痛み分けとなったヴァイスマンとスペンサーの論争だが、ネオ・ラマルキズムと呼ばれたラマルク説支持者と、ネオ・ダーウィニズムと呼ばれた自然選択説支持者の対立は、これを機に決定的なものとなった。ただし、ネオ・ダーウィニズムが獲得形質の遺伝を完全否定するのに対し、ネオ・ラマルキズムは自然選択を否定していたわけではない点に注意が必要である。そのためネオ・ラマルキズム派の多くは、晩年のダーウィンが獲得形質の遺伝を取り入れていたことを理由に、自分たちのほうこそが、正統なダーウィン進化論の支持者だと思っていたのである（ただしダーウィンはそれでも自然選択のほうを重視していたので、本当は関係が薄いのだが）。

スペンサーはヴァイスマンへの反論の中でこう書いている。

「この記事は、かなりの程度まで、ダーウィン氏の意見に異議を唱える人たちへの反論なのだと知ると、読者は驚くだろう。いま生物学では否定的な流れだが、ダーウィン氏は獲得形質の遺伝を十分認識し、しばしば主張していたのである（中略）ダーウィン氏は当初その進化要因を重視していなかったが、年齢を重ねるとともに次第に重要性を認識した」

話はさらに複雑で、自然選択を主要なプロセスと考える側からも、ネオ・ダーウィニズムはダーウィニズムに非ず、と批判を受けていた。

当初、ヴァイスマンらの陣営は、自分たちの考えを「純粋ダーウィニズム」と称していた。ところが自他ともに認めるダーウィンの弟子、ジョージ・ロマネスは、それを「純粋ウォレス主義」と呼んだ。ウォレスも自然選択以外のプロセスを認めていなかったからである。さらにロマネスは、1897年にこう批判している。「ダーウィンは、自然選択が生物進化の唯一の原因と見る教義に、断固として抵抗した（中略）しかし、ネオ・ダーウィニストの中には、ダーウィンの教えをひどく誤解して、自然選択を補い、助ける要因についての提案をどれも『ダーウィン的に邪道』と表現する者がいる」。ただしウォレスのほうは自分の考えを「純粋ダーウィニズム」と呼んでいた。

ネオ・ダーウィニズムの言葉が最初に登場するのは1880年のサミュエル・バトラーの著作とされる。バトラーはエラズマス・ダーウィンの進化説をダーウィニズムと呼び、ダーウィンの進化説をネオ・ダーウィニズムと呼んだ。その後、1894年に、リバティ・ベイリーがヴァイスマンの陣営をネオ・ダーウィニズムと呼んでから、その呼び方が一般化したとされる。なおヴァイスマンの記述を見ると、それまでは対立する陣営から「ウルトラ・ダーウィニズム」と呼ばれていたらしい。要は、「本家ダーウィニズム」「元祖ダーウィニズム」「真ダーウィニズム」のようなものが乱立していたのである。

問題の本質は、自然選択は変異がどうなるかを説明するが、変異の成因には言及しない、という点にあった。環境の刺激や応答で生じた変化が遺伝して変異として蓄積されないのなら、どのように変異が生じるのか。19世紀の段階では、この問いにネオ・ダーウィニズムは答えられなかったのである。

ルイ・アガシの弟子たち

米国の生物学は解剖学と古生物学の巨人、ルイ・アガシの系譜を引いている。特に19世紀後半の米国の動物学者は、ほとんどがアガシの弟子である。アガシは進化を一切認めず、自然選択説も受け入れなかった。弟子の大半は進化を認める立場に転向するが、それでも師の影響が強く残り、進化論も多くはオリジナルとは違う形で受け入れられた。

そうしたアガシの弟子のうち、正統的な自然選択説を支持した数少ない生物学者が、エドワード・シルヴェスター・モース、そしてデヴィッド・スター・ジョーダンである。モースは東京帝国大学に教授として赴任、ダーウィン進化論を教授し、日本の生物学を育てた。魚類学者のジョーダンは、1900年以来、3度にわたり日本を訪れ、モースの弟子である飯島魁《いいじまいさお》のほか、箕作佳吉《みつくりかきち》や渡瀬庄三郎《わたせしょうざぶろう》ら多くの生物学者と交流し、各地で魚類採集を行った。

「日本は文明国で、どの村でも私たちがしようとすることに知識を持ち、喜んで私たちを助けてくれる人々がいる――この言葉は文字通り真実であった。私たちは、外国人をほとんど知らない村を数多く訪れたが、どこでも礼儀正しいだけでなく、すべてを理解してくれた。人口1万人以上の町には必ず自然史博物館があり、展示施設もあった。博物館は、躊躇なく私たちに魚類を渡してくれた。彼らは多くの魚を入手できるが、私たちはそうはいかない可能性があるからだ」

ジョーダンは旅行記の中で、このように日本と日本の人々を称賛している。またジョーダンは渋沢栄一と親交があり、「東京で一番興味深かった日は、渋沢栄一男爵が私たちをもてなしてくれた日だった。彼は驚くほど快活、精力的な実業界の偉大な指導者である」と記している。

ジョーダンは、魚類の分類・自然史の研究から、一つの種が複数の種に分岐する進化——種分化は、地理的な隔離で起きる、と主張した。例えば陸封されたサケ科魚類では、地理的な障壁で隔離された集団の間に、形態の分化が起きていた。また、最も近縁の種はそのもともとの分布域から地理的障壁で隔てられた近隣地域にいる傾向があった。1905年の論文でジョーダンは、パナマ地峡を挟んでカリブ海側と太平洋側に300種以上の魚類で近縁種のペアが見つかるのは、中新世以降、パナマ地峡が閉じて二つの海域で交流が途絶えたためだ、と説いた。地理的隔離で分断された集団が、徐々に異なる種へと進化するというのだ。

ダーウィンが提唱した系統の分岐が、地理的隔離で起こりうることを示す、画期的な発見だった(章末註)。

ネオ・ラマルキズムの台頭

アガシの弟子の多くは、自然選択を本来の新たな性質を創る作用としてではなく、主に生存に不利な性質を除去し、集団の好ましくない方向への進化を止める作用として受け入れた。創造的な力には、別のプロセスを想定したのである。その一つがラマルク流の進化であった。特に19世紀後半の米国で支持を集めていたのが、エドワード・コープとアルフエウス・ハイアットら古生物学者が提唱した進化説である。元来、ネオ・ラマルキズムとは、彼らに対する呼称であった。

コープは、化石脊椎動物の研究から、新しい性質は主に個体発生の変化で創られると考えた。新しい形態の生物は、発生段階の最後に新しい段階が追加されたり、ある段階が省略されたりして生じる。またその変化はラマルク説に従い、よく使われる部分の発達と、あまり使われない部分の退化で起きる、という考えである。

コープらが進化を個体発生と関係させた点は、ドイツのエルンスト・ヘッケルの影響があるという。ヘッケルは、個体発生の過程では、その生物の辿ってきた進化の歴史が再現されるとして、「個体発生は系統発生を繰り返す」という考えを提唱していた。

コープら米国流ネオ・ラマルキズムは、自然選択説の弱点を、変異自体が創出される仕組みへの言及が不足している点だと考え、そこに個体発生を関係づけた。彼らが自説を支持する証拠として使った情報が、化石記録、つまり実際の進化の歴史だった。ダーウィンは自説の裏付けに化石記録を使わず、それどころか、化石記録は情報が不完全であるとして、利用を避けた。だからネオ・ラマルキズム支持者にとって化石記録は、ダーウィンの欠陥を補うもの、と考えられたのである。

しかしラマルクがそうであったように、また素朴に進化と個体発生を関係させた点からも明らかなように、彼らが考える進化は一定の目標に向かって進む現象であり、本質はダーウィン以前の時代から唱えられていた古典的なエヴォリューションであった。ラマルキズムが想定していた内的な力を特に重視し、その力で常に一定方向への進化が起きるという考えは、定向進化（Orthogenesis）と呼ばれた。例えばオオツノジカの身体と不釣り合いに巨大な角は、角を大型化させる何らかの内的な力が推進した定向進化によるもので、この避けがたい方向性を持つ進化のため、最終的に生存に不利となり、絶滅する、という主張も支持された。

本章冒頭で、ヴァイスマンとスペンサーの論争を、引き分けと判定したオズボーンも定向進化の提唱者だった。プリンストン大学で地質学を学び、コープから古生物学の指導を受けたオズボーンは、もともとネオ・ラマルキズムの支持者だった。その後、英国に留学し、ハクスリーのもとで解剖学を学んだ経緯もあって、自然選択の効果も否定しなかったが、化石記録が示す進化パターンの説明には、その効果は不十分だと考えていた。

オズボーンが重視したのは、環境への能動的な応答で獲得された形質の遺伝に加え、生物に備わっている内的な変化の力であった。これらが適応的な変化だけでなく、ときに過剰で生存に不利な変化も引き起こす主要な駆動力だと考えた。またその力が引き起こす進化の方向や速度は、生息環境や生物の系統によって変わると考えた。それゆえ同じ形を持つ多数の祖先系統が、時間の経過とともに分岐することなく、それぞれ異なる方向や速度で進化する結果、形の違いが生まれ、形の多様性が高まるのである。つまり種数は一定のまま、形の違いと多様性だけが時間とともに大きくなるという考えである。

たとえば、広場の中心に多数の人が集められているとしよう。各人が各種を表し、各人のいる場所が形を表すとしよう。するとそれらの進化は、ヨーイドンで各々好きな方向に走っていく状況で示される。それぞれの種が辿る進化の軌跡を光の線に喩えると、それらの適応的な進化は、光源から無数の光の線が四方に伸びていくような放射状のパターン(radiation)で表現できる。そこでオズボーンはこの進化パターンを適応放散(adaptive radiation)と名付けた。

現代の生物学では、適応放散とはオーストラリアの有袋類の多様化や、ガラパゴス諸島のダーウィンフィンチの多様化のように、単一の祖先種から、様々なニッチに適応した多数の種が分化し、枝分かれしていく現象のことであり、系統樹で示される進化パターンを指す用語である。自然選択の強力な作用の象徴とされる言葉だ。しかし元来それは、内的な力が駆動する定向進化で描かれる、放射状の進化パターンを意味する用語であった。

獲得形質論争

オズボーンはコロンビア大学教授と米国自然史博物館館長を歴任し、古生物学の発展に尽くした。1922年から5度にわたってオズボーンがモンゴルに派遣した探検隊は、卵化石を含む大量の恐竜化石を発見し、恐竜研究を飛躍的に発展させた。また標本を収集するだけでなく、展示施設としての博物館と動物園の機能を充実させて社会の注目を集め、幅広い人脈と政治力とメディアを駆使した啓蒙活動を展開し、古生物学を中心とした進化史研究の普及に貢献した。特に米国自然史博物館の展示は、恐竜の巨大な復元骨格の展示や、地質時代の動植物と景観を描いた復元展示などが、来館者の評判を呼び、大人気となった。現在、多くの人々が恐竜に関心を持つようになった経緯の一つには、オズボーンの存在がある。

ヘンリー・F・オズボーン

ちなみにティラノサウルスを新種として記載し、*Tyrannosaurus rex* と命名したのもオズボーンである。

19世紀末から20世紀初めにかけて古生物学を牽引したオズボーンは、この時代を代表する古生物学者であった。米国科学振興協会（AAAS）の会長も務め、この時代の米国で、アルバート・アインシュタインに次ぐ人気と知名度の高さを誇る科学者であったという。

さて1894年に開かれた講演会で、オズボーンはその後のネオ・ラマルキズムの行方に大きな影響を与える提言を行った。長期間にわたる精密な実験を行って、後天的に獲得された形質が実際に遺伝するかどうか確かめよう、と呼び掛けたのだ。それがヴァイスマンとスペンサーの論争に決着をつける最善の方法だと考えたのである。

このオズボーンの講演録は論文として発表され、ネオ・ラマルキズムの支持者たちを動かした。その後、20世紀の初めにかけて、ラマルク的な進化を確かめようと、多数の実験が行われたのである。また、鉄鋼王アンドリュー・カーネギーが設立した財団の諮問委員を務めていたオズボーンの提言に従い、財団は1903年、進化実験を行うための研究所を設立した。場所は、その初代研究所長となったチャールズ・B・ダヴェンポートの意見で、ニューヨーク州ロングアイランドが選ばれた。この研究所が、のちに米国の生物学・医学研究の中核となるコールドスプリング・ハーバー研究所である。

財団からの潤沢な資金に支えられ、広大で、最高の設備に恵まれた研究所では、ダヴェンポートの指揮の下、哺乳類、両生類、昆虫、植物など、様々な生物を対象に進化に関わる研究が行われた。ただし、そこで行われた研究は、獲得形質の遺伝についての研究だけではなかった。1900年にグレゴール・メンデルの遺伝研究が、ヒューゴ・ド・フリースらによって再発見され、またド・フリースが突然変異による不連続的な進化を提唱したことに刺激されて、研究所では交配実験によるメンデル遺伝の研究も行われた。

ネオ・ラマルキズム派の研究では、シロアシネズミの仲間を使い、体の様々な特徴や色彩の環境応答と、その遺伝を確かめる実験が行われた。しかし結局、後天的に獲得された性質が遺伝するという証拠は得られず、逆に色彩の変異がメンデル遺伝で説明できること、その野外集団が示す色彩変異の地理的なパターンは、自然選択の考えに合うことを示す結果となった。

“山賊”が集うラボの革新的研究

コールドスプリング・ハーバー研究所の研究活動を主導したダヴェンポートが目指していたのは、進化の定量的研究だった。ダヴェンポートは、ハーバード大学在職中の1890年代後半、英国で発展していた新しい自然選択説の研究手法——統計学と形態計測を使い、変異の遺伝や自然選択を記述するという研究（後述の生物測定学派）に従事していた。1

チャールズ・B・ダヴェンポート

900年代以降は、メンデル遺伝の研究に重心を移し、その実証に力を入れていた。特に人間が持つ性質、目の色、肌の色などの遺伝を、メンデル遺伝で説明しようとした。

　1901年に行った講演で、ダヴェンポートは未来の生物学を予想し、発展の鍵を握るのは定量的分析だと力説した。そして進化研究は思索に頼るのではなく、遺伝、変異、自然選択、環境の影響について具体的な仮説を立て、実験、比較観察と定量的分析による検証で進められるようになる、と説いた。

　なおダヴェンポートはこの講演でほかにいくつか興味深い未来予測を行っている。例えば、比較生理学や動物行動学など、新しい分野の発展を予測したほか、「田舎の暇な紳士の娯楽」と見なされてきた動物生態学が、将来大きな利益をもたらす科学になる、と予見している。彼は、動物生態学を軽視する研究者を批判し、「生物学者たちが、ここに未開拓の土地があると気づいて目覚めるとき、この蔑《さげす》みはたちまち一掃されるだろう」と述べた。

こうした予言は、いずれもダヴェンポートの統計学、遺伝学、進化への強いこだわりと結びついていた。また予言には、研究資金を確保するための巧妙な仕掛けも用意されていた。最先端技術、革新的なアイデア、利益を生むイノベーション、将来性のある意外な科学技術分野、などといった事業家にとってのマジック・ワードをちりばめて、彼らの関心を引き寄せたのである。

ダヴェンポート自身の研究には難があったものの、資産家や実業家から多額の資金援助を受けたダヴェンポートの強力なリーダーシップにより、米国の遺伝学は急速に発展した。メンデル遺伝に基づく新しい実験、観察、理論に基づく遺伝学と進化研究が華々しく開花した。一方、実験では証拠が得られないラマルク的な遺伝の考えは信頼を失っていった。

メンデル遺伝の仕組みの謎を解く鍵は、遺伝を司る因子の物理的な実体は何かという問題だった。１９０２年、その因子が染色体にあるのではないかという仮説が提唱された。これを実験と観察で実証したのが、コロンビア大学のトーマス・ハント・モーガンである。

伝説的な狭さと汚さと貧しさと粗末な設備と混雑で知られる小さな研究室で、モーガンは大量のショウジョウバエを飼育していた。その研究室は、モーガンのもとに留学していた駒井が、頭目のモーガンを筆頭に、山賊一味がぎっしりと机を並べる村役場の一室、と喩えるような有様だったが、そこで行われていたのは、真に革新的な研究だった。

トーマス・ハント・モーガン

1910年、モーガンは飼育中のキイロショウジョウバエに、普通なら赤いはずの複眼が白くなる変異を見つけた。これを用いた交配実験から、モーガンは複眼の色の遺伝と染色体の関係を示す証拠を得たのである。1915年には、染色体上に遺伝情報を持つ因子が存在することを示して、ついにメンデル遺伝を司る物質的な基礎が確立した。当初、自然選択に否定的だったモーガンだが、のちに自然選択を認めるようになる。モーガンの弟子の一人、ハーマン・J・マラーは1927年、X線の照射でハエの突然変異が誘発されることを発見した。この結果は、遺伝子が物理的な構造を持つ実体であり、しかもその構造の変化で、表現型が変化しうることを示す決定的な証拠となった。

こうした不利な展開にもかかわらず、ラマルク的進化を確かめようと1920年代まで、米国を中心にいくつもの実験が行われたが、肯定的な結果は得られなかった。むしろ周到かつ緻密に計画された実験は、研究者の意図に反して自然選択を支持する結果をもたらした。

ただし、例外があった。オーストリアのパウル・カンメラーの実験である。20世紀初頭、カンメラーはサンショウウオやカエルを使った実験で、熱などの環境の影響により生じた個体の生理的変化が、次世代に遺伝するという実験結果を示し、ラマルク的進化を実証したとして注目を浴びていた。しかし1926年、実験に使用したカエルの標本に手を加えるという捏造が発覚し、研究成果への信頼を失った。これを機に、欧米の進化学者の間で、ネオ・ラマルキズムの失墜は決定的となった。

現代進化学の体系を作ったドブジャンスキー

1927年、ロシアから米国に渡り、モーガンの研究室でショウジョウバエを使った遺伝学実験を始めたのが、テオドシウス・ドブジャンスキーである。そこはロシアのいかなる大学にも、これほど狭く汚く、粗末で貧しくて不便な研究室はない、と呆気《あっけ》にとられるような研究室だったが、同時にこれほど開放的で、知的な刺激と興奮と熱気に溢れた研究室は世界のどこにもない、と感激するような研究室だった。

そこで遺伝学の研究に熱中していたドブジャンスキーは、野生のウスグロショウジョウバエに、配列順序が部分的に逆転する逆位などが生じた染色体構造の異なる集団が存在しているのに気がついた。しかも染色体構造の異なる集団間では、交配しても不妊で子孫が生まれない場合があったのである。またこれらの集団間では、完全に不妊のものから、ある程度は交雑個体が生まれるものまで、不妊のレベルに段階が見られた。

ドブジャンスキーは、集団間で交配できなくなるプロセス——生殖的隔離の進化のプロセスを、こう推定した。地理的に隔離された地域集団に新しい染色体突然変異が生じ、それが遺伝的浮動や自然選択で集団中に広がった後、さらなる突然変異が起きて、染色体の構造変化が進む。同じようなプロセスが別の地域集団でも独立に起きる結果、これらの地域集団間では、交配しても不妊となり、生殖的隔離を生じる。

このように生殖的隔離が形成され、互いに交配できない集団を、それぞれ別の「種」とすればよい。またこのように当初は互いに交配可能な集団が、互いに交配できない複数の集団に分離進化する現象を、「種分化」とすればよい。そう考えることによって、ドブジャンスキーは、ダーウィンが変異の恣意的なグループと見なした「種」を、改めて生殖的隔離に基づいて定義したのである。この定義に基づく種を生物学的種と呼ぶ。

これはジョーダンが提唱した地理的隔離による種分化の仮説に、遺伝学的な裏付けと、種の明確な定義を与えるものであった。

生殖的隔離は、交配後の不妊のほか、配偶者認識や交尾行動などの違いのため、交尾自体が起こらないことでも生じる。交尾行動の違いは、性選択やそのほかの自然選択の副産物として進化するだろう――この考えが現代の種分化理論の基礎となった。
ドブジャンスキーは1934年に、交配後の妊性《にんせい》（子孫を残す能力）に関与する複数の遺伝子座と不妊を生じる対立遺伝子の組み合わせを仮定し、地理的に隔離された二つの集団を想定した種分化のモデルを提唱した。このモデルを使い、複数の遺伝子座で対立遺伝子の段階的な突然変異により、集団内の交配では妊性が失われないにもかかわらず、集団間の交配では不妊となり生殖的隔離が進化することを説明したのである。のちにマラーも同様のモデルを提唱したため、この種分化モデルは、ドブジャンスキー―マラー・モデルと呼ばれる。種分化の古典的かつ今なお定番のモデルである。

テオドシウス・ドブジャンスキー

ドブジャンスキーはこうした種分化過程の仮説を検証するために、恣意性を極力排除した手法で推定した進化史を利用した。染色体構造の違いから集団間の系統関係を推定したのである。現代では形質の進化や種分化の研究に、遺伝子情報に基づく系統推定を駆使するが、その先駆となるものであった。こうして実験、観察、理論を中心とした遺伝学による進化研究を、ジョーダンに由来する野生集団の進化史研究と結びつけたのである。

1937年、ドブジャンスキーは『遺伝学と種の起源』(Genetics and the Origin of Species)と題する著書を出版した。この著書で、ドブジャンスキーは進化のモデルとして適応地形を使った。これは、もともとドブジャンスキーの盟友セウォル・ライトが着想したモデルだった。ライトの適応地形は、異なる遺伝子型を平面上の位置で表し、適応度を標高で表して、遺伝子型とその適応度の関係を地形図で表現する。最も適応度が高くなる遺伝子の組み合わせを持つ個体は、山頂を占め、逆に適応度の低い組み合わせを持つ個体は谷になる。自然選択が作用すると、山頂やその周りを占める個体の比率が集団中で最大化される。より高いピークに達するには、集団の中により高い適応度を示す遺伝的組み合わせを持つ個体が含まれる必要があり、それには遺伝子の多様な組み合わせが可能でなければならない。それを実現するのが遺伝的浮動と移住や交雑だ。

このライトのモデルに基づき、ドブジャンスキーは遺伝的浮動と移住・交雑の役割を重視した。

ドブジャンスキーはライトの適応地形を拡張し、集団の生息環境や占めている生態的ニッチと関係づけた。地形図上に分布するいくつもの異なる峰を、異なる生態的ニッチに対応させたのである。集団を占める遺伝子型の変化は、適応度の高い位置、つまり山の斜面

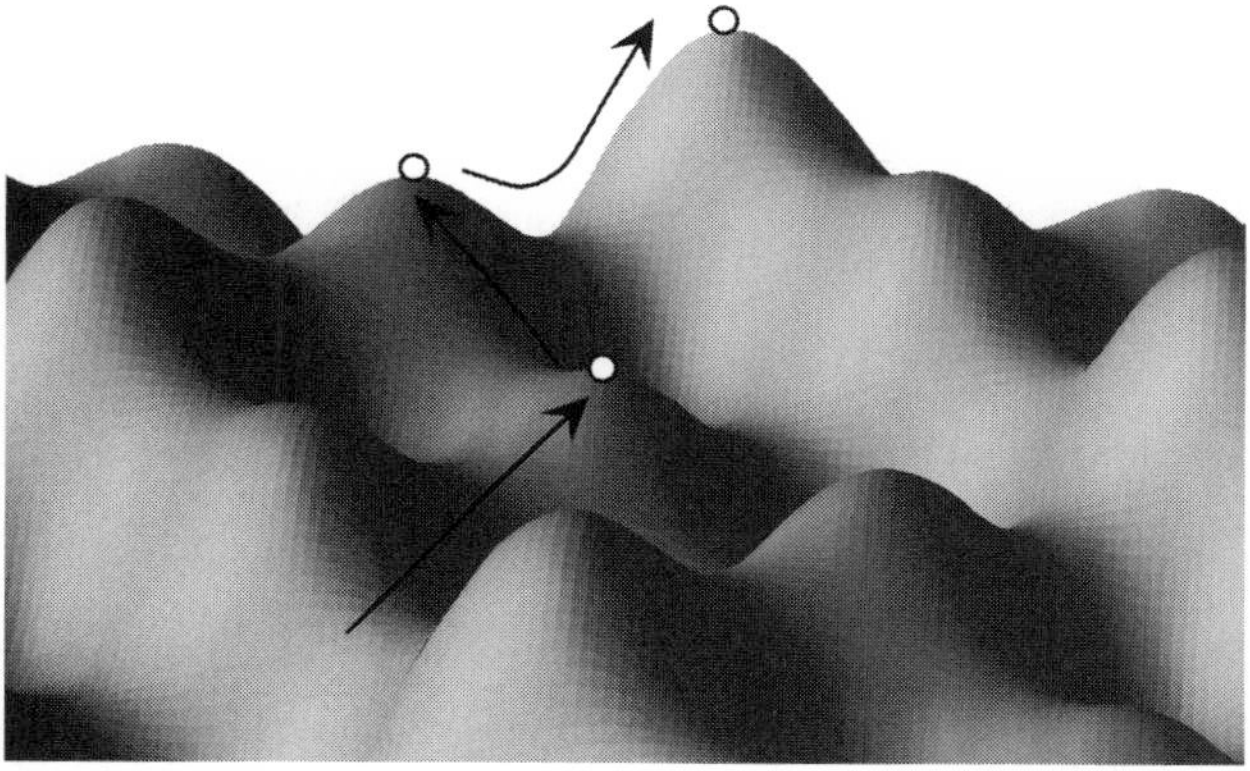

適応地形の例
遺伝子型または表現型（平面の座標）と適応度（縦軸）の関係を地形図で示す。集団で優占する遺伝子型または集団の平均的な表現型が、自然選択によって適応度のより高い位置へと斜面上を移動し頂に達する（○の位置）。遺伝的浮動や交雑により谷を越えて別の峰に移り、その後の自然選択により頂に達する

を登り、山頂に達して停滞する、という変化で説明される。適応進化の結果、草食性、肉食性、樹上生活者、地上生活者といった異なるニッチを占める集団は、それぞれ異なる山頂に到達した状態だ、と考えるのである。のちにこのモデルを化石記録の解釈に応用し、化石が示す進化パターンを、自然選択など遺伝学と共通のプロセスで説明するのに成功したのが、米国自然史博物館の古生物学者でオズボーンの元部下、ジョージ・ゲイロード・シンプソンであった。

『遺伝学と種の起源』の序文で、ドブジャンスキーはこう記している。

「進化の問題は、二つの違う方法で

研究できる。第1に、様々な生物の過去の歴史の中で実際に起きた進化的事変の順序を辿る。第2に、進化的変化をもたらすメカニズムを研究する」

この著書で現代進化学の体系とアプローチの大枠が定まった。突然変異、自然選択、遺伝的浮動、交雑などの効果で、どう進化し、どう新しい種が形成されるか、豊富な実例を挙げた説明は、抜群の説得力を発揮した。進化の総合説に向けて画期をなす著書であった。

（章末註）地理的隔離が新しい種の形成に重要だということは、ウォレスもダーウィンも気づいていた。また、モーリッツ・ワグナーとジョン・トマス・ギュリックは、地理的隔離の重要性を強く主張した。しかし自然選択説の立場から、定量的で信頼性の高いデータをもとにこれを示したのは、ジョーダンが最初である。

第六章　われても末に

ダーウィンの従弟

さて次は、英国の陣営を見てみよう。進化学の輝かしい発展の第一歩を招き寄せたのは、『種の起源』と、ある人物の出会いだった。

19世紀後半、恐らくダーウィンの進化論を最もよく理解していた人物の一人が、ダーウィンの従弟、フランシス・ゴルトンである。ゴルトンは科学者であり、発明家であり、探検家であり、多方面にわたる発見、発明を行い、社会に多大な影響を及ぼす概念と思想を生み出した、天才的な人物であった。

メンデル生誕と同じ１８２２年、裕福な銀行家を父として生まれたゴルトンは、早熟で幼少時から神童ぶりを発揮していた。しかし学校生活にはなじめず退学し、医師にしたい両親の希望に従って病院で働いた後、医学校に進んだ。ところが医師の道に迷いを感じていたゴルトンに、「悪魔の囁《ささや》き」をした人物がいた。医師になるのを止めてビーグル号に乗り、世界を一周してきたダーウィンが、ゴルトンに医学をやめて数学を専攻するよう勧めたのである。

18歳でケンブリッジに移り、数学を学んだものの精彩を欠き、しかもゴルトンはたびたび神経症による疾患に悩まされた。そこで数学者をいったんやめて探検家を志した。１８

50年からは、当時未知だった南西アフリカの探検に成功し、一躍、探検家・地理学者として名声を得た。その後、数々の革新的な研究成果で発明家および科学者として名を馳せるようになった。

天才学者ゴルトンの研究成果は信じがたいほど多岐にわたる。例えば気圧の概念を発見し、最初の天気図を考案したのはゴルトンである。現代の新聞にはたいてい紙面のどこかに天気図が掲載されているが、この習慣は『タイムズ』紙にゴルトンが天気図を載せたのが始まりである。法医学の分野では、指紋の分類法を確立し、犯罪捜査への利用を提案した。心理学では、被験者に言葉を提示し、そこから連想したものから心理分析を行う言語連想法の開発者ともされている。また変わったところでは、最も美味しく紅茶を淹《い》れる方法や、最適なケーキカットの方法を理論と実験から導いた。

フランシス・ゴルトン

何でも計測して数値化しないと我慢できなかったゴルトンは、あらゆる事象の定量化を試み、そのための尺度を考案した。例えば学会講演のつまらなさを計測する方法を考案し、実際に王立地理学協会の学会開催中に行った測定結果を『Nature』誌に公表した。さらに「祈禱」の効果を定量的に分析しよう、という研究も行っている。もし効果があるなら、教会などで、最も頻繁にその健康が祈られている王や女王ら王族は、最も長命なはずだと仮説を立てて、寿命データを調べたところ、実際には富裕層の中で王族は最も短命であることがわかり、「祈り」は身体の動きと時間の無駄であると結論して、教会を中心に社会から強い批判を浴びた。もっともこの批判は、人々の祈りに真剣さが足りなかったから、という解釈が否定できなかったおかげで沈静化した。

こうしたゴルトンの研究のうち、進化に関連するものが二つある。遺伝学と統計学の研究である。1859年に出版されたダーウィンの『種の起源』を読み、強い感銘を受けたゴルトンは、それをめぐる問題の核心であった遺伝の研究に着手した。ゴルトンが最も関心を持ったのは人間が持つ、様々な性質の遺伝についてだった。例えば「知性」や「道徳性」は、遺伝する生まれつきの性質なのか、それとも育つ環境の影響で変わる性質なのか。「生まれ」と「育ち」と、どちらが重要かを調べるため、ゴルトンは自分の強みである数学を最大限に活用した。集めた大量のデータを比較し、結論を導くために、新しい統計手法を開発し、利用したのである。そして人間の身体的特徴のみならず、能力や性格、心理などを比較、分析するための尺度を考案し、これらを定量化したうえで、家系分析を行った。

なお、「生まれか育ちか」という言葉を作ったのはゴルトンである。

1869年には、著書『天才と遺伝』(Hereditary Genius)で、大学入試の成績分布が身体的特徴と同じく正規分布になることを示し、集団の中で「能力」がどう分布するかを推定した。さらにゴルトンは、著名人の親族には、一般人よりも高い頻度で著名人が含まれることを示した。しかも1親等から2親等、3親等と血縁が薄れるにつれ、著名な親族の数は減っていた。ゴルトンはこれを人間の「能力」が遺伝する証拠だと考えた。

当然ながらこの結果は、「育ち」の効果が分離できていない。親子、兄弟姉妹、親類は、同じ価値観と環境の下で育った可能性が高く、特に政治家や経営者などの著名人を輩出した富裕な家系は、経済力や教育の面で、著名人を育てるのに有利な環境である。また著名人がどんな能力の指標なのかも曖昧だった。それは本人も承知しており、のちに双子を対象とした分析を試みている(章末註1)。

この著書に対する社会からの評判はあまり芳しいものではなかった。ただしダーウィンはこれを絶賛し、『人間の由来』にその内容を引用して、自身の主張の補強に使っている。

粗っぽい議論や奇異なタイトルとテーマゆえに、今ではこの著書が顧みられることはまれである。しかしゴルトンは、ここで集団とそれを構成する個体が持つ遺伝的変異、という新しい概念を導入し、変異を正規分布とその変数で記述するという独創を行っている。

それまで正規分布は性質が持つばらつきの平均を知る目的で使われていたが、ゴルトンはそれをばらつきそのものの記述法として採用した。このやり方で、ある世代が示す性質の変異を、前の世代の変異とその遺伝で説明したのである。

「適応度」の言葉は使わなかったものの、それに相当する概念を使ってゴルトンは、自然選択の作用で、集団における適応度の平均が増加し、それが最大化された状態に至る、と考えた。これが集団の平均適応度を使って進化を説明する、後の集団遺伝学的な進化の考え方の基礎となった。実はこの著書は、現代の進化学に向けて、決定的な第一歩を踏み出す革新的なものであった。

さてゴルトンは私淑《ししゅく》するダーウィンのために、ダーウィンが着想した遺伝の仕組みである、パンゲン説を実証しようと考えた。もし体細胞から放出された遺伝性の微粒子が体内を巡っているなら、血液を別の個体に輸血すれば、微粒子も移り、その子には別個体の性質が現れるだろう。そう予想したゴルトンはダーウィンと相談し、異なるウサギの品種を使って輸血実験をした。

ところが意に反して予想が外れた。輸血された品種の性質は、生まれた子に生じなかったのである。ゴルトンはこの実験結果から、パンゲン説は支持できないとする論文を発表したため、ダーウィンの怒りを買った。微粒子が血液にあるとは言っていない、とダーウィンが反論の論文を叩きつけたので、ゴルトンは驚いて謝罪し、引き下がった。しかしこれを契機にゴルトンは、後天的に獲得された性質は遺伝しないと確信するようになった。

回帰の発見

1874年からは、ダーウィンの勧めで自殖するスイートピーを交配させて、種子の大きさを親世代と子世代で比較した。その結果、大きな種子をつけるスイートピーの親から生まれた子は、大きな種子をつける傾向があることを見出した。大きさが様々に異なる種子に対し、親の種子の平均直径を横軸に、子の種子の平均直径を縦軸にとり、図上にプロットすると、それらの点が右肩上がりのきれいな直線上に並んだのである。

このときゴルトンはもう一つ重要な発見をした。親の種子が極端に平均と異なる大きさの場合、その親から生まれた子は、親の種子より全体の平均に近い大きさの種子をつける、という傾向である。例えば親の種子が極端に大きければ、子の種子はそれより小さくなる。もし種子サイズが親と子で常に等しければ、上述のプロットの各点を結んで得られる直線は傾きが1になるはずだが、この〝平均に戻る〟傾向のため、傾きは常に1より小さくなる。

この傾向は育ちの効果とその確率的な性質を意味している。だがゴルトンはこの〝平均に戻る〟傾向を遺伝的な効果と誤解し、先祖返りの効果と考えていた。

1884年、ロンドンで「国際衛生博覧会」が開催されると、ゴルトンは会場に人体計測室を設置し、来場者の身体的特徴を計測した。年齢、出生地、職業、家族などの個人情報と髪や目の色、身長、体重、握力、色覚、聴覚などを記録し、膨大なデータを収集した。こうして得た人間の身体的特徴から、血縁の近さと形質の類似度に一定の法則性を見出した。子の性質は、両親から受け継いだ性質のちょうど半分になる、つまり1世代遡るごとに、受け継いだ性質は半分になるという法則である。さらにスイートピーのときと同じように、人間の身長などでも、親子間の相関と平均に戻る〝傾向〟があるのに気がついた。

そのためこれを復帰（reversion）と呼び、のちに回帰（regression）と言い換えた。また2組のデータを平面上にプロットして得られる、両者の関係を示す直線を回帰直線と呼び、その関係の強さを表す相関という概念を導入した。なお相関の強さを相関係数（correlation coefficient）という指標で定式化したのは、ゴルトンの弟子、カール・ピアソンである。

ここでゴルトンは、ダーウィンが想定していた、小さな変化を経て漸進的に進化が起きる、という考えに疑問を抱く。小さな変化では、回帰による拮抗作用に打ち消されてしまう、と考えたのである。集団の遺伝的性質は安定に保たれる傾向があり、小さな変化が起きても元に戻ってしまうが、ある程度大きな変化が起きれば、回帰の効果を乗り越えて、新しい安定な状態に移行するのかもしれない——そう考えたゴルトンは、進化が大きくて不連続的な変化のステップを踏んで行われるはずだ、と主張した。

この着想がその後の自然選択をめぐる大論争に発展する。

現在、私たちが日々何気なく使っている回帰や回帰直線という統計用語は、もとは進化と遺伝様式についての用語であり、その発見と誤解は進化生物学上の歴史的な論争の発火点であった。

二人の生物学者の友情、そして破綻

ウィリアム・ベイトソンとウォルター・ウェルドンが出会ったのは1879年、ケンブリッジ大学だった。二人は、学生時代を親友として過ごした。ウェルドンはケンブリッジに来る前にロンドン大学でランケスターから生物学を学んでおり、1歳年下のベイトソンにとっては、よき理解者で頼れるアドバイザーだったという。二人の共通の知人が、ゴルトンだった。彼らは手紙のやり取りを通じて交流を深めた。ただし二人はゴルトンからそれぞれ別のアイデアを受け取った。

大学を卒業すると、ベイトソンはウェルドンの支援を受けて米国ジョンズ・ホプキンス大学を訪れ、発生学と実験生物学を学んだ。そこでベイトソンは、大きな形の変化、つま

種の進化をめぐって生涯激しい論争を繰り広げたウィリアム・ベイトソン（右、Bateson papers, Queen's University Archives）とウォルター・ウェルドン（左）

り大突然変異による跳躍的な進化の可能性を考えるようになった。ベイトソンはこのアイデアをゴルトンから受け取っていたのである。

英国に戻ったベイトソンは、不連続的な進化の実例と考えられるものを探した。

祖父が労働者階級出身で、社会階級や差別を嫌うリベラルな考えを持ち、男女同権論者だったベイトソンは、数多くの女性科学者を研究室に迎え入れて育成した。その一人、エディス・サンダースと協力して、植物の交配実験を行い、葉の特徴や花の色などが示す不連続的な変異の出現パターンを観察した。こうした研究からベイトソンは、自然選択の効果に疑問を抱くとともに、形の飛躍的な変化による進化の可能性を確信するようになった。

一方、ウェルドンがゴルトンから受け取ったアイデアは、統計学手法による自然選択と変異の分析、そして変異と血縁の相関であった。この考えと手法に従い、彼は海産の甲殻類の研究に着手した。１８９０年、ランケスターの後任としてロンドン大学に職を得たウェルドンは、海産甲殻類を対象に定量的な研究を開始した。何百匹というヨーロッパミドリガニを捕獲し、1匹ごとに10以上の部位を計測、記録し、形質間の相関を調べた。その結果、どの形質にも変異があり、異なる種を区別する特徴は、種内でも大きな個体変異があると気づいた。特に地中海産の集団は、変異の分布が正規分布から外れており、異なる分布を持つ二つのタイプが共存している可能性を示していた。

この仮説を統計学的に検証するため１８９２年、ウェルドンはロンドン大学の同僚で数学者のカール・ピアソンに応援を依頼した。判別に必要な手法を考案したピアソンは、それが確かに平均の異なる二つの正規分布の混在によるものであると結論づけた。この結果をもとに、ウェルドンはこのカニ集団が自然選択のため徐々に二つの種へと進化しつつある、と主張した。現代の考えで説明するなら、分断選択による種分化である。

自然選択と大突然変異、連続的な変化と飛躍的な変化——進化に対する大きな考え方の違いにもかかわらず、ベイトソンとウェルドンとの親交は続いていた。科学的な意見の相違が必ずしも人間関係を傷つけるとは限らない。破綻を引き起こす要因は案外複雑で、きつかけはかなり些細なことだったりするものである。ベイトソンとウェルドンの関係は、少なくとも1888年の段階では、交わした手紙で互いの意見の違いを肴に、軽く冗談を綴るほど良好だった。

1894年、ベイトソンはそれまでの成果を著書にまとめて出版した。著書には数々の跳躍的な形態変化の事例を示し、不連続的な進化の可能性を強調した。例えば、ハエの触角の位置に脚ができたり、脚に複眼ができるなど、本来の位置と異なる部位に器官が形成される突然変異の事例も紹介し、それをホメオシスと名付けた。

だが研究成果とは裏腹に、当時のベイトソンは、失意のどん底だったという。その4年前、婚約者との幸福な婚約パーティの直後に、相手の女性から一方的に婚約を破棄されたのである。理由は、女性の母親が酒嫌いで、席上ワインを飲みすぎたベイトソンを見て結婚に強く反対し、母親の意向に女性が逆らえなかったからだった。ただし彼は破談が相手の母親が反対したためとは知らなかった。

編集者から依頼を受けたウェルドンは『Nature』誌に、ベイトソンの著書の書評を掲載した。書評の前半部でウェルドンはベイトソンの著書を称賛し、全体として好意的な書評だった。ところがである。ウェルドンの書評を見たベイトソンは激怒した。ベイトソンが反応したのはその後半部分——不連続的な進化の考えに対してウェルドンが批判を加えた箇所だった。ベイトソンにとって婚約者に加え、唯一の理解者と信じていた親友にまで裏切られたと感じたからではないか、と指摘する歴史家もいるが、その怒りは収まらなかった。

翌年、『Nature』誌上で二人の直接対決が勃発、不連続的な進化を巡って争いはヒートアップした。ベイトソンはゴルトンに宛てて、ウェルドンのカニの研究を酷評する手紙を何通も送った。一方、ウェルドンはゴルトン宛に、ベイトソンへの反論を記した手紙を送った。文書で互いへの個人攻撃も始まり、溝は深まるばかりであった。直接会って話し合いでの和解を模索するなどしたものの、結局二人の関係は決裂した。

ウェルドンは引き続き、膨大なカニのサンプルを使う変異の研究に没頭した。水中の泥の量がカニにどう影響するか調べる実験も行った。その結果、カニの前頭部の幅は水の濾《ろ》過《か》機能と関係があり、そのため背甲の形態が違うと死亡率も違うことを見出した。ピアソンは、カニの計測データをもとに変異が示す統計分布や、形質間の相関を示して、ウェルドンの考えを裏付けた。こうして彼らは、野外集団で計測された形態変異のパターンが、自然選択による漸進的な進化を示している、と主張した。

一方のベイトソンは遺伝のメカニズムの追究に情熱を傾けた。植物を育種し、不連続形質の研究を進め、大きな変化を生じる突然変異が進化を駆動する、という自説の根拠を固めていった。

ところで『Nature』誌上での対決からしばらくして、ベイトソンの友人の数学者かつ哲学者アルフレッド・ホワイトヘッドの妻からベイトソン宛に、とある女性週刊誌が送られてきた。そこには新進の女性作家による小説が掲載されていた。ストーリーは、母親に反対されて婚約者との結婚を諦めた女性が、後年、かつての婚約者と舞踏会で再会し、母親もすでに亡くなっていたので……というものだったのだが、その作家は、ベイトソンのかつての婚約者だった。それを読んで回りくどいアピールだと気づいたベイトソンはすぐ彼女に手紙を書いた。それから数ヵ月後には結婚、家庭を築き息子3人が生まれ、心の傷は癒えたはずだったが、ウェルドンとの間にできた亀裂は癒えなかった。それどころかウェルドンがベイトソンを「計り知れぬ薄汚さ」と罵るほど関係は悪化した。

現代統計学に礎を築いたもう一人の天才

袂《たもと》を分かったベイトソンと入れ替わるように、ウェルドンの盟友として登場し、強固な協力関係で結ばれたのがピアソンだった。数学者であるとともに、物理学者、哲学者、土木技師、詩人でもあり、法律家でもあったピアソンは、多彩なテーマの著書や応用数学を中心に多数の論文を発表し、幅広い分野で精力的な活動を展開していた。

１８９０年代、ピアソンはフェミニズムを代表する論客の一人として知られていた。女性問題を扱った彼の著作は英米で読まれ、フェミニストたちから大きな注目を集めていた。ピアソンは急進的なフェミニストであるとともに社会主義者であり、熱烈なマルクス主義者であった。１８８４年に行われた講演で、平等で公正な、階級のない共同社会を構築すべきだとして、「真の社会主義者は、階級的利害を超越しなければならない」と説いている。当時の最高レベルの科学的、哲学的知識を身に付け、客観的かつ合理的な判断を何よりも重視する、当代随一の進歩的知識人であった。

カール・ピアソン

複雑で混沌とした世界を、シンプルな美しい法則で記述することに情熱を傾けていたピアソンは、それを実現する手段として統計学の可能性に注目していた。ちょうどそこに、ウェルドンがカニの計測データを持って現れ、自然選択による進化の考えを語ったので、ピアソンは統計学を使った形態変異と進化の研究の虜《とりこ》になった。これを機に、ピアソンは新しい統計学の概念と手法を次々と生み出していった。

ピアソンは自ら考案した相関係数を使って、形質間の関係を調べた。カイ二乗検定を着想し、有意性の判定基準としてP値（有意確率）を使う統計的検定手法を考案して、形態などの違いを検出した（章末註2）。また多数の形質データから、全体の値のばらつきを少数の相関のない成分のばらつきで代表させる主成分分析の解析手法を開発し、解析に用いた。

生物を計測して得られた膨大な変異のデータを特定の分布に当てはめたり、相関や、差、変化を見出し、法則性を見つけてくれるピアソンは、自然選択による連続的な進化の考えを実証したいウェルドンにとって、なくてはならない存在となった。

もう一つ、ウェルドンはピアソンの研究者人生を大きく変える役目を果たした。ピアソンにゴルトンを引き合わせたのである。相関を始めとするゴルトンの統計学に加え、思想にも深い感銘を受けたピアソンは、その後ゴルトンを師と仰ぐようになった。

ゴルトンが築いた基礎をもとにピアソンは、現代の統計学を創始した。ヒストグラム、統計的仮説検定、相関・回帰分析、分布の当てはめ、多変量解析など、現代の統計学の基礎となる手法の多くは、ゴルトンの統計学を基礎として、ピアソンが考案ないし確立したものである。またピアソンはゴルトンが発見した、血縁に伴う遺伝の法則を追究し、3世代以上にわたる性質の相関を同時に記述するため、重回帰分析の手法を開発した。

生物学史に残る大論争

19世紀の段階で、ピアソンの統計学を取り入れた米国の科学者が二人いる。最初に興味を示したのは、人類学者のフランツ・ボアズである。ピアソンをボアズに紹介したのはゴルトンであった。ピアソンの統計学に感銘を受けたボアズは1897年、ピアソンに手紙を送り、研究への協力を依頼している。

少し遅れてウェルドンとピアソンの進化研究に興味を持ったのが、ダヴェンポートである。彼らの研究の虜になったダヴェンポートは1899年、英国を訪れた。ピアソンとゴルトンに会い、すっかり意気投合したダヴェンポートは、ピアソンが発行していた雑誌の副編集長を務め、緊密な協力関係を築いた。これを機にダヴェンポートは米国で形態測定と統計学を駆使した進化学を開始し、その後、定量的な遺伝学へとシフトしていったのである。

1900年にメンデルの遺伝法則が「再発見」されると、ベイトソンは自説を支持する強力な証拠が得られたとして、一躍攻勢に出た。味方も増えた。サンダースに加え、レジナルド・パネットが研究室のメンバーに加わり、植物の交配実験による遺伝研究が加速した。彼らは別の遺伝的な形質があたかも一つの遺伝子で支配されているかのように振る舞う連鎖の現象を発見した。これは異なる遺伝子座が同じ染色体に乗っているために起こる。

彼らはそこまで気づけなかったものの、後のモーガンの発見によって、解決することになる。彼らは実験を通して性質が複雑な遺伝様式で決まっていることを明らかにしていった。

二人の確執から始まった対立は、欧米の生物学をベイトソン、サンダース、パネットらの「メンデル派」と、ウェルドン、ピアソンらの「生物測定学派」に二分する歴史的な大論争へと発展した。

1904年に開催された英国科学振興協会・動物学部会の会合で、その対立は頂点に達した。部会長のベイトソンは会長講演で、メンデルの研究を称える一方、「謙虚に自然を調べれば（中略）それが継続的な自然選択の産物であるとは考えられないし、いかなる種類の連続的な変化の結果であるとも考えられない」と攻撃し、ウェルドンは汗だくになりながら、熱弁を振るい「もっと慎重な結果の説明と実験ができるようになるまでは、メンデルの仮説が乗っているやっかいで実証不能な繁殖メカニズムに頼るより、ゴルトンとピアソンの純粋に記述的な説明をしたほうがよい」と対抗した。論争は興奮した満員の聴衆を巻き込み白熱したという。

この会合での論戦は、周到な準備をして臨んだベイトソンらメンデル派の攻勢が目立ち、守勢に立たされたピアソンが最後に3年間の論争の休戦を提案したほどだった。加えてこの2年後、ウェルドンが急逝したために、以降メンデル派が優勢となった。

遺伝学（genetics）という学問分野の名付け親はベイトソンである。対立遺伝子（allelomorph、のちにallele）、ホモ接合体（homozygote）、ヘテロ接合体（heterozygote）など今日用いられている様々な遺伝学用語を作り出したのもベイトソンである。

ベイトソンを中心とするメンデル派の考えでは、大きな変化を生じる突然変異によって進化が不連続的に起きる。自然選択の働きに創造的な作用はなく、有害な性質を除去して変化を止めるのに役立つだけであった。連続的で小さな変異はほとんど遺伝しないか、遺伝してもノイズのようなもので、進化には関与しないと考えていた。この考えを確かめる手段が、遺伝や生理、発生の実験である。観察された進化の結果と、それをもたらした要因の因果関係を実験で突き止めねばならない、と信じていた。

これに対し、ウェルドンとピアソンの考えでは、常時ランダムに供給される遺伝的変異のため、集団にはわずかな差を持つ多数の連続的な変異が蓄積し、それに対して自然選択が作用する結果、徐々に連続的な進化が起きる。血縁との相関は連続的な変異が遺伝することを示していた。ウェルドンは進化とその要因の因果関係を実験で調べることを軽視していたわけではなかったが、生物系はあまりに複雑で多様性に富み、実験から因果関係を解明できるほど理解は進んでおらず、それゆえ統計解析で得られた現象の経験的な傾向だけが、推測の妥当さの根拠となる、という立場だった。

一方、ピアソンの考えは、もっと極端だった。生物の複雑な系では、そもそも厳密な因果関係を追求するのは不可能かつ不毛だ、と考えていたのである。１８９２年に出版した『科学の文法』（The Grammar of Science）でピアソンは、科学から形而上学的な思索を徹底的に排除すべきだとしたうえで、科学的方法は本質的に記述であり、科学法則は、現象に関する我々の思考を数学で単純化することだ、と説いている。ピアソンの考えでは、科学的方法の最終段階は、「訓練された想像力によって、数語で、事実の全容を再現する簡潔な表現や公式を発見すること」だという。

ピアソンにとって、すべての自然法則は数式であった。彼が変異の分布に当てはめた曲線や、形質間あるいは世代間で検出した相関と法則性は、進化を説明するための手段ではなく、説明された進化そのものであった。彼は論文にこう記している。「もしそれが何らかの遺伝的性質と相関するならば（中略）進化の真の原因を持っている、と言ってよい」。

科学観は異なるものの、生物学が追求すべきは、観測データの記述であり、遺伝のメカニズムを調べて因果関係を探ることではない、という点でウェルドンとピアソンは一致していた。この点でも生物測定学派は、ベイトソンらメンデル派と相容れない立場であった。

同じものを見ていた

新しい「種」は自然選択ではなく、突然変異によって生じる——そう信じていたベイトソンは、生物測定学派を激しく攻撃し続けた。だが、実のところメンデル派の不連続形質の遺伝に対する考えは、生物測定学派の連続的な変異の遺伝の考えと矛盾せず、ウェルドンとの和解が可能だと、内心わかっていたのかもしれない。ベイトソンは1902年に発表した論文で、遺伝子型が多数ある場合には、「ホモとヘテロ接合体の様々な組み合わせを並べると、連続した曲線に非常に近くなる」と記している。一方、それは生物測定学派も同じで、1906年にはピアソンの助手の一人が、効果の小さい多くの遺伝子を仮定すればメンデル遺伝で連続的な変異の遺伝を説明できると述べており、ピアソン自身も1909年にその可能性を示唆している。

結局、彼らが歩み寄ることはなかったものの、メンデル派と生物測定学派が本当は一連の仕組み、一連の現象の違う側面を見ている可能性を仄《ほの》めかすいくつもの証拠が見つかり始めていた。1909年には、スウェーデンの植物学者ヘルマン・ニルソン゠エーレが、複数の遺伝子座を想定したメンデル遺伝で、連続的な形態が生じうることを交配実験で示した。問題の解決に必要な概念も整備された。デンマークのウィルヘルム・ヨハンセンにより、遺伝子という言葉が導入され、それまで曖昧だった遺伝子と形の関係を、遺伝子型と表現型という用語で区別して説明する考えが提唱された。

そしてもう一つ。なぜ潜性《せんせい》（劣性）の対立遺伝子が集団から消滅しないのか不思議に思ったパネットが、趣味のクリケット仲間の数学者、ゴッドフレイ・ハロルド・ハーディに相談したのがきっかけで、ハーディが集団の対立遺伝子の頻度に関する、重要なルールを導いたのである。有性生殖を行う十分大きな集団の遺伝子プールで自由な交配が行われる場合、（自然選択や突然変異がなければ）対立遺伝子および遺伝子型の頻度は一定に保たれる、という原則である。同時期に同じ発見をした別の発見者の名もとり、ハーディ・ワインベルク則（平衡）と呼ばれる。

こうして常に連続的に供給される変異を考えなくても、突然変異による変異の供給と、メンデル遺伝による仕組みで連続的な変異を説明し、その進化を自然選択で説明できる道具がそろったのである。生物学を二分した闘いは収束に向け、舞台が整いつつあった。

未来を先取りしすぎた男

「生物測定学のゆるぎない成果をメンデル遺伝の仕組みで理解しようと、いくつかの試みがなされてきたが、ここでは、この遺伝様式を、より一般的な集団の生物測定上の性質において確認する。これにより人間が持つ変異の起源をより正確に分析することが可能になると期待される。（中略）変異の起源を分析するには、変異の尺度として標準偏差の二乗を用いるのが望ましい。この量を、対象とする正規母集団の分散と呼ぶことにする」

ベイトソンとウェルドンが袂を分かってから22年後の１９１６年、とある若いパブリッククスクールの教師がロンドン王立協会の雑誌に投稿した論文は、こんな要旨で始まっていた。この論文は編集者から二人の査読者に回送され、雑誌掲載の可否や修正の必要性を判断する審査が行われた。査読者の一人はピアソンだった。

ピアソンは、「私はほかの仕事に忙殺されていて、この論文の結果を詳しく調べたわけではないが」とやる気のないコメントで始まり、その掲載の可否は「メンデル派がこれを価値があると考えるかどうか次第」と結論する投げやりな査読レポートを編集者に返した。ではもう一人の査読者、メンデル派のパネットのレポートはどうだったかというと、「私はこの論文をもう一度読んでみたが、正直なところ、私は数学がわからないのでこの論文にはついていけない……」という書き出しで始まり、用語や文意の問題、理論に使われている仮定の非現実性などを指摘したのち、「生物測定学への貢献という価値はあるかもしれないが、こうした論文が現在の我々生物学者に大きな影響を与えるとは感じない」というものだった。

どちらの査読者も評価を敵方に丸投げしたような、とても肯定的とは言い難い査読結果だったため、論文は拒否こそされなかったものの、受理もされず、結局取り下げとなった。2年後の1918年、その論文はエディンバラ王立協会紀要に発表された。これが連続的な変異とそれが示す血縁との相関とをメンデル遺伝で説明し、メンデル派と生物測定学派の統合に成功した歴史的な論文であった。著者はロナルド・フィッシャーである。

フィッシャーはこの論文で、複数の遺伝子それぞれがメンデルの法則と分離比に従うという仮定により、エンドウマメのような不連続的な変異から、人間の身長のような連続的な変異まで、統一的に説明できることを示した。集団の変異量を測る尺度としてフィッシャーが導入したのは分散（個々の値とそれらの平均値の差を二乗し平均したもの）だった。遺伝子座がひとつの場合、各遺伝子型を占める同じ対立遺伝子の数（0、1、2）と、頻度で重みづけた各遺伝子型が示す表現型値の関係を線形回帰で記述すると、表現型のばらつき（分散）に及ぼす対立遺伝子の効果は、回帰係数で表現できる。この回帰と分散を使ったアイデアにより、二つの対立遺伝子からなる最も単純な一遺伝子座で支配される形質から、多数の遺伝子座で支配される連続的な形質まで、変異を同じ尺度とルールで記述できるようになった。

身長などの変異の分散は、遺伝的要因（生まれ）による成分（遺伝分散）と環境要因（育ち）による成分（環境分散）に分割できた。つまり生まれと育ちの効果を区別できるようになったのだ。また、遺伝分散は各対立遺伝子の効果を足し合わせた効果による分散と、顕性（優性）、潜性（劣性）などの効果による分散に分割することができた。変異と血縁との相関もこれらの成分の組み合わせで示したのである。

この論文で発表した理論をもとに、フィッシャーは次に、自然選択の効果を定式化した。不連続な形質から連続的な形質まで、突然変異で遺伝子プールに供給される遺伝的変異に対する効果として、自然選択を位置づけた。こうして自然選択を様々な条件でメンデル遺伝の仕組みや突然変異の効果と矛盾なく結びつけて説明するのに成功したのである。

ロナルド・フィッシャー
（www.economics.soton.ac.uk/staff/aldrich/fisherguide/rafreader.htm）

進化の要因に遺伝的浮動の効果を重視するセウォル・ライトとの確執はあったものの、フィッシャーは自然選択と遺伝的浮動の効果をともに含む進化の一般モデルを作りあげた。自然選択の効果は、明確に定義づけた適応度の集団平均と分散を使い、厳密な数式で記述された。そして１９３０年、一連の成果を著書『自然選択の遺伝学的理論』（The Genetical Theory of Natural Selection）に発表し、自然選択とメンデル遺伝、突然変異の完全な理論的統合を成し遂げた。それに加えて同じ理論的枠組みで、ダーウィンが着想した性選択による進化の説明にも成功した。まさに現代進化学を導いた金字塔ともいうべき著作であった。

この理論を中核として20世紀半ば、先述のドブジャンスキーやホールデン、ジュリアン・ハクスリー（トマス・ハクスリーの孫）らの主導で、現代に続く進化学の体系が成立する。これを進化の総合説と名付けたのは、J・ハクスリーであった。

ところでそこに至るまでの基礎となり、突破口となったフィッシャーの論文――1916年には受理されず、1918年になってようやく発表がかなった論文は、メンデル派と生物測定学派を統合しただけでなく、集団遺伝学の先駆となり、さらには現代の統計学的なゲノム解析手法の基礎にもなっている。この論文の真価が理解されたのは、1960年代になり、統計学者と遺伝学者らの手によって論文が詳細に分析され、わかりやすく解説した記事が出てからであった。その論文は難解すぎたうえに、未来を先取りしすぎていたのである。以降、動植物の育種についての理論は一変した。フィッシャー理論をベースとして、多数の遺伝子が関わる量的形質を扱う量的遺伝学が席巻するようになった。

その論文が発表されてから100年以上経過し、ゲノム解析技術が普及して、様々な性質の根底にある遺伝子の詳細が解明された現在、フィッシャーがその論文で提示した理論の仮定は、日々蓄積している膨大なデータにほぼ合致することが明らかになっている。第四章の章末では、ゲノムの一塩基多型を利用して人間の特徴、体質、病気などの遺伝的基盤を統計学的に推定するゲノムワイド関連分析の研究事例を紹介したが、標準的なこの手法の基礎は、フィッシャーが１００年以上前にこの論文で公表した理論なのである。

数学の天才を支えたダーウィンの息子

14歳で母を失い、父が事業に失敗して貧困生活を強いられていたフィッシャー少年を救ったのは、数学の才能だった。生まれつき極度の近視だったため、紙に文字を書くのを禁じられていたものの、逆にそのおかげで頭の中に数式を映像として自在にイメージできるようになったという。飛び抜けた数学の才を認められ、奨学金を得ると１９０９年、ケンブリッジ大学に進学する。そして数学を専攻していた学生時代、彼は運命的な人物と出会った。チャールズ・ダーウィンの息子、レナード・ダーウィン（ダーウィンjr）である。最初の出会いはダーウィンjrが講演のため大学を訪れたときであったという。

メンデル派と生物測定学派を統合した１９１８年の歴史的な論文の末尾を、フィッシャーはこう締めくくっている。

「最後に、この研究がレナード・ダーウィン少佐の提案によって始まり、彼の厚意と助言のおかげで完了できたことに、深く感謝の意を表する」

すでに60歳を過ぎていたダーウィンjrは、大学卒業後、職を転々としていた時期のフィッシャーを物心両面で支えた。フィッシャーにとってよき理解者であり、盟友であり、父親のような存在であった。ダーウィンjrは専門的な科学教育を受けていなかったにもかかわらず、生物学、特に進化について深い知識を持っていた。1915年以降、ダーウィンjrとフィッシャーの間で交わされた膨大な手紙をみると、ダーウィンjrは単なる支援者ではなく、研究上いくつもの重要な助言や提案をフィッシャーに与えている。たとえば、出生率と子の生存率や養育コストのトレード・オフ、社会寄生や擬態の進化、有性生殖の進化などのアイデアを提供している。進化研究ではダーウィンjrの父、チャールズ・ダーウィンの身代わりのような役割を果たしていたらしい。メンデル派と生物測定学派を統一し、メンデル遺伝と自然選択を融合する理論の構築をフィッシャーに勧めたのもダーウィンjrだった。その理由は突然変異説を取り込んだメンデル派に押され、劣勢を強いられていた自然選択説を守るためだったという。

フィッシャーの革新的な研究成果は、たった一人の力で、何もないところから創造されたわけではない。フィッシャーはこの成果を得るうえで、飛び抜けて有利な位置にいた。

ダーウィンの精霊とも言うべきダーウィンjrの支援に加え、フィッシャーは数学を武器とする統計学者であり、ピアソンの生物測定学の神髄を深く理解していた。同時にフィッシャーが学生として過ごした時期のケンブリッジでは、ベイトソンやパネットらメンデル派が大勢を占めており、生物学に関心を抱いていたフィッシャーにとって、メンデル遺伝の原理は身近なものだったという。

現代進化学がもたらした光と闇

ここに至る道を整理しよう。出発点のダーウィンは、ギリシャ時代以来の進化観のうえに、自然選択による無方向の枝分かれ進化という独自の着想を加え、マルサスなどの社会思想やそれまでの生物学の知識を統合して、自然主義科学のもとに進化論を構想した。ダーウィンから天啓を得たゴルトンはヴァイスマンと同じく、進化論からラマルク説を切り離し、自然選択説による定量的な実証科学へと導いた。その遺産を受け継ぐ二つのグループ、かたやピアソンとウェルドンの生物測定学派は、統計学による変異と自然選択の記述、それに血縁の遺伝法則を洗練させ、かたやベイトソンのメンデル学派は、実験的手法により進化の遺伝学的基礎を構築し、メンデル遺伝と突然変異による進化を唱えた。

これに対して、スペンサーが広めたネオ・ラマルキズムは米国で隆盛となり、オズボーンの定向進化は一世を風靡《ふうび》したものの、ダヴェンポートが発展させた実験遺伝学はラマルク流進化を否定した。そしてフィッシャーが生物測定学とメンデル学派の統合に成功し、築かれた現代進化学の基礎のうえに、ドブジャンスキーが実験遺伝学とジョーダンの自然史研究に基づく種分化説を融合し、現代進化学の体系が成立する。それにJ・ハクスリーが進化の総合説と命名し、その後の分子生物学の発展を経て現代に至るのである。

現代進化学の成立は、己の無謬を信じる科学者たちの独創と協力と対立による創造、そして事実に照らした検証による絶えざる修正の結果である。ギリシャ時代に遡る西欧の伝統が、紆余曲折を経つつ辿り着いた輝かしい科学的成果の一例と言えるだろう。

だが光のある場所には影がある。輝きが増せば影が作り出す闇はより深くなる。世界がどんなに眩しくても、この世の始まりが暗闇に閉ざされていたのなら、またいつか闇は訪れる。もし光と影が反転するときが来れば、噴き出した闇が世を覆い、この世の終わりのような、戦慄するような結末を招くかもしれない。

打ち砕かれた楽観論

ランケスターの熱心な広報活動により、英国では19世紀末にはヴァイスマンの「ネオ・ダーウィニズム」が支持を広げ、ラマルク説は劣勢になっていた。

進化がラマルク的に起きるなら、人間は、努力して得たものを子孫に生得的な能力として伝えられる。努力で社会が改善されれば、よりよい社会環境で育つ個人は、さらに優れた能力を獲得できる。それゆえ社会の利益は個人の利益と一致する、と素朴に信じられたし、社会のための自己犠牲も子供たちのため、と正当化できた。しかしヴァイスマンの論理は、この楽天的な期待を砕き、人間の努力と社会の発展の関係を切り離すものだった。

レスター・ウォードは、1891年に「もしヴァイスマンの言う通りなら、つまり、後天的に獲得した特性が子孫に伝わらないのなら、社会改革は無意味なものになる」と述べている。環境改善はせいぜい一時的な緩和策にしかならず、経済的・社会的病理の根源となる個人の「能力」に影響を与えることはできない、と考えたのである。人間の進化は社会の発展とは無関係なので、個人がどんなに努力して、その結果社会がどんなに発展しても、子孫の能力が高まるわけではない、というわけだ。

それまで漠然と進化を進歩だと信じていた人々が、無方向、無目的な進化の可能性に気づき始めた。「進化の呪い」の効果が徐々に弱まり、「個人が努力し、社会が発展して得たものを、子孫が生まれつきの恩恵として受け取る」という素朴な期待が幻想に過ぎないことがわかってきたのだ。

とはいえ、しっかり根付いた進歩の意味での「進化の呪い」は、そう簡単に解けなかった。動植物ならば、進歩の価値観に合致する通俗的な説明ができたからである。絶えざる生存闘争と適者生存で、生き残る生物の繁殖や生存能力が「向上」し、「強者」として繁栄するのだと説明すればよかった。ヴァイスマンは、自然選択の作用がなくなれば生物は退化すると説き、競い続けなければ堕落する、と「闘争の呪い」を煽《あお》った。

だが人間の場合はそう簡単にいかない。人間の「優れた者」や「強者」や「道徳的な者」は、適者生存における「適者」とは必ずしも一致していなかったからだ。

19世紀末の英国では、上流・中産階級に比べ、貧民層や下層階級の出生率がはるかに高かった。そのため自らを「優れた者」で「強者」で「道徳的」と信じる上流・中産階級の人々は、適者生存による進化の行く末を恐れ始めた。出生率に優る下層階級に数で圧倒されてしまう結果、人間の性質は進歩せず、逆に劣化し、社会も国家も衰退する、と危惧し始めたのだ。

進化を進歩と見なかったハクスリーは、人間を適者生存による動植物の進化から切り離し、倫理や道徳で人間とその社会を発展させようとした。一方、進化を進歩と見なしたうえに、適者生存による進化が、社会、民族、国家でも起きると信じたキッドは、切り離された人間の努力と社会の発展とを宗教の力で結びつけ、社会や国家間の生存闘争で「強者」になればよいと考えた。

これに対して、人間の進化が進歩でないのなら、自らの手で人間の進化を進歩に変えねばならない、と考える人々が現れた。人間に働いている適者生存の作用を、「真の適者」であるべき「優れた者」や「強者」や「道徳的な者」が有利になる作用に変えよう、というのである。彼らは堕落への道、終末への道を阻止するため、そして揺らぎ始めた「進化の呪い」の力を守るため、それが覆い隠していた深淵の底に潜む魔物を呼び出した。それは封印されていた、ぞっとするような妄想が世に解き放たれたことを意味していた。

（章末註1）ゴルトンは、観察された相関関係が見かけ上の物である可能性を真剣に考えた初期の研究者の一人であった。1888年、様々な社会で家族制度と社会の複雑さの間に見出された相関関係から、社会の発展と親族関係に法則性があると主張した研究に対しゴルトンは、互いに独立なデータが示す相関ではなく、単に歴史を共有する少数の文化が様々な社会に拡散した結果を示しているだけではないか、と疑問を述べた。これはのちにゴルトン問題と呼ばれるようになり、互いに独立でないデータが見かけ上の相関を示す例とされる。

（章末註2）P値や統計的有意性の概念の先駆となる考えは18世紀から存在し、たびたび使われてきたが、現在の統計学につながる考えを提唱したのはピアソンである。なおP値として0・05（5％水準）を提案したのはロナルド・フィッシャーである。

第七章　人類の輝かしい進歩

ヒトラーの専属医師が遺した言葉

ドイツ人医師カール・ブラントは、人類の輝かしい進歩を信じていたという。だが1948年、死刑宣告を受けたブラントは、絞首台の前に立っていた。

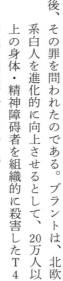

アドルフ・ヒトラーの専属医師でもあったブラントは、第二次世界大戦中、強制収容所に収容されていた数千人の人々を強制的に不妊化し、科学の名目で恐るべき医学実験を行うなど、数多《あまた》の残虐行為を行い、終戦後、その罪を問われたのである。ブラントは、北欧系白人を進化的に向上させるとして、20万人以上の身体・精神障碍者を組織的に殺害したT4作戦の推進者でもあった。

カール・ブラント

悪魔の所業としか形容しようのない犯罪行為の報いを受けるのは当然、弁解の余地なし、のはずだったが、ブラントは絞首台を前にして演説を始めた。

「ありとあらゆる人体実験を主導してきた国が、その実験方法を真似ただけの他国を非難し、罰せるのか。それに安楽死でさえ！　ドイツを見よ、その苦境は操られ、わざと引き延ばされてきた。人類の歴史上、広島と長崎の罪を永遠に背負わねばならない国が、誇張された道徳を隠れ蓑に自らを隠そうとするのは当然で、驚きではない。法を捻《ね》じ曲げるな。正義は絶対そこにない！　全体を見ても個々を見ても。支配しているのは権力である。そして、この権力は犠牲者を欲している。我々はその犠牲者だ。私はその犠牲者だ」

ブラントはすぐに絞首刑に処され、死の直前に残した不可解な主張はその真意を問われることもなく忘れ去られた。だがその意図を仄めかすものがある。ニュルンベルク国際軍事裁判で、ナチス幹部の弁護側が発した問いかけである。

「米国の強制不妊手術プログラムが、他ならぬ最高裁判所が公認したものであるなら、ナチス・ドイツの強制不妊手術プログラムを、果たしてどれくらい悪いものだったと言えるのだろうか？」

この問いかけは何を指しているのだろう。

ナチスのお手本

1927年、アメリカ合衆国最高裁判所は、国家の保護と健康のために心神耗弱者を含む不適格者の強制不妊手術を許可するヴァージニア州法に対し、合衆国憲法修正第14条の適正手続条項に違反しないとして、州法を支持する判決を下した。この裁判で判事のオリバー・ウェンデル・ホームズ.jrは、こう断言した。「我が国が無能な者で溢れかえるのを防ぐため、国家の力を蝕《むしば》んでいる人々にこうした小さな犠牲を要求できないとしたら、それはおかしいだろう――関係者にはそう感じられないこともしばしばあるが。退廃的な子孫が罪を犯して処刑されるのを待つか、その無能さゆえに餓死するのを待つよりは、明らかに不適格な者の子孫が続くのを防ぐほうが、全世界にとってよいことなのだ。（中略）無能な者は3世代で十分だ」。

この判決の結果ヴァージニア州当局は、若く貧しい女性キャリー・バックを、子を残すのに適さないとして、強制的に不妊手術を行った。

バックは、養父母からの精神的欠陥という訴えを受けて州施設に送られたのち、医師の診断をもとに施設管理人から、「社会にとって遺伝的な脅威である」と、強制的な不妊手術の要請が出されていたのだった。シングルマザーのバックには、生後間もない娘がいたが、娘も遺伝的に不適格としてバックから引き離され、施設に収容された。

だがのちに当時の記録から、養父母の策謀と施設管理人の偏見に加え、担当した医師が完全な誤診を犯していたことが判明している。実際のバックはまったくの健常者であり、読書好きの聡明な女性であった。また施設で育った娘は、のちに病死したが、小学生時代は学業成績もよく、優等生だったという。

この判決を契機として、米国全土で「不適格者」への不妊手術法が正当化された。その後数十年の間に米国では推定7万人の「不適格者」に対し、不妊手術が行われた。

ヒトラーは『我が闘争』に、こう記している。

「健康状態が悪く、重度の障碍を持つ人々を世界に生まれてこないようにするのは、かなりの程度まで可能である。私は、民族にとって価値がない、あるいは有害な子孫を産む可能性が高い人々の繁殖を防ぐために制定された、米国の州法に関心を持ち、研究してきた」

ナチスが手本にしたのは米国だったのである。移民法を制定して人種差別政策を進める米国を、ヒトラーは称賛している。彼らのモデルは、米国国民の進化的な向上を目指す優生学運動と人種差別政策だった。米国で進められた強制不妊手術、社会的不適格者の収容、安楽死に関する議論や、人種差別政策を、忠実に移植したのである。

この枠組みから始まった政策が、独裁政権下でエスカレートしたうえに、ユダヤ人差別と結びついた結末が、ヒトラーとナチスによる600万人を超えるユダヤ人虐殺であった。

「呪い」が生み出した優生思想

ヒトラーによる『第二の書』（Zweites Buch）は、こんな書き出しで始まる。

「政治とは、歴史の構築である。歴史は、民衆による生存闘争の過程を示す。私がここで『生存闘争』の言葉を使うわけは、平和であれ戦争であれ、日々の糧を得るための闘いは、何千何万もの敵との果てしなき戦いであり、それは生物の存在自体が死との果てしなき闘争なのと同じだからだ。何十億もの生物が繰り広げる生存闘争と存続をかけた闘争は、厳密に一定な球体上で行われる。生存闘争を強いられるのは、生活空間が限られているためだが、この生活空間をめぐる生存闘争に、進化の基盤が存在するのである」

ナチスの広報活動を担ったオットー・ディートリヒは、ヒトラーの思想についてこう語っている。「彼は生存闘争、適者生存などの原理を自然の法則と考え、それを人間社会も支配する高次の命令だと考えた。その結果、力こそ正義であり、自らの暴力的な方法は自然の法則と完全に合致していると考えた」。

歴史家のリチャード・ワイカートは、ヒトラーとナチスの人種差別政策と優生思想のかなりの部分が、ダーウィンとその後継者たちが発展させた科学としての進化学に由来したものだ、と結論づけている。

彼らは極度に単純化し、わかりやすい形に改変したダーウィン進化論を利用して、彼らの行為を正当化したのである。さらに彼らは支配者として自然の代理人になろうと企てた。人間に対する人為選択である。彼らが「不適格」と認定した人々を、彼ら自身の手で排除したのである。

自然界では生存闘争と適者生存で強い者が勝つ、と単純に信じていた彼らは、弱者も生き残ってしまう人間の文明社会を、そうした進化のルール——自然の法則から外れてしまったもの、と見なしていた。人間もその社会も自然の法則に従うべきだ、と考えた彼らは、自然の代理人として彼ら自身で手を下したのである。それが彼らの考える進化を裏付けとした優生学だった。しかし結局のところ彼らの企ては、単純化した進化と自然の法則と科学を悪用して、彼らの人種差別思想と偏見とを、正当化するものだった。

ナチスの場合には、さらに誤った集団選択——国家や民族が選択の単位になるという考えが融合していた。この単純な集団選択は、20世紀前半の欧米社会で素朴に受け入れられていた。ヒトラーとナチスによる悪夢のような惨劇は、魔物に取り憑かれた「進化の呪い」と「闘争の呪い」、それに残虐行為の正当化に利用された（真偽と無縁な）科学的裏付けである「ダーウィンの呪い」が、偏見や差別と一体になって引き起こしたものだと言える。

ただし実は、進化を科学的裏付けとした優生思想は、ナチスほど暴力的なものではないにせよ、20世紀前半の欧米には広く浸透していた。これは人間の遺伝的劣化を防ぐ、あるいは進歩を実現するために、人間の遺伝子プールを人為的に操作し、選択をかけて進化させる、という恐るべき思想だった。

科学の成果は、結実した成果そのものだけではなく、結実に至る経緯も評価しなければならないとされる。それなら、科学の惨禍《さんか》も、結実した暴虐そのものだけでなく、暴虐へと至る経緯も分析しなければならないだろう。

恐るべき閃き

魔物を地上に招き寄せたのは、『種の起源』と、ある人物の出会いだった。

1859年、『種の起源』を読んだゴルトンの脳裏に、恐るべきアイデアが閃いた。人為選択で動物の品種改良ができるなら、人間の品種改良もできるはず、と禁断の着想を得たのだ。

1883年、ゴルトンは『人間の能力とその発達の探究』(Inquiries into Human Faculty and Its Development) と題する著書を出版し、その中で初めて「優生学」(eugenics) という用語を創った。ゴルトンは優生学をこう定義した。「社会的な管理下で、将来世代の人種的資質を肉体的にも精神的にも向上または劣化させる可能性のある制度の研究」。のちにもっと簡潔に、「優生学とは、民族の先天的な資質を向上させるあらゆる効果を研究する科学であり、その効果が最大限に発揮されるよう導くものである」と定義している。

だが、それに名前を付け、定義したのがそのときだった、というだけで、ゴルトンの研究は最初から――『種の起源』に出会ったときから優生学だった。『天才と遺伝』は、優生学の可能性を探るために書かれた著書であった。そもそもゴルトンが遺伝と進化の研究を始めた動機は、人間の育種だったのである。

親子の変異を回帰して分析したのも、変異を正規分布に当てはめたのも、遺伝様式を調べて、効率的な人間の育種法を編み出すためだった。ゴルトンにとって、遺伝・進化の研究と優生学は、同じ車の両輪であり、定量的な分析法や統計手法を開発した目的も、優生学に科学としての信頼性と客観性を持たせるためであった。ゴルトンの正義は、英国社会を自然選択による堕落から救い、進歩の軌道に乗せることだった。

人間の知的能力はすべて遺伝する、とゴルトンは信じていた。だからもし人間を自然選択による無方向の進化に任せておけば、出生率の高い下層階級や貧困層――ゴルトンにとって「能力が低く、適さない存在」の比率が増して、英国人の質は全体として劣化する。しかし進化を進歩に変えるよう人為的に選択をかければ、「愚か者を繁殖させるのではなく、文明の預言者や高僧を増やして世に送り出すことができる」。

ゴルトンは優生学で、自然が「盲目的に、ゆっくりと、冷酷に」行う進化を、人間が「原理に従い、素早く、親切に行えるようになる」、と述べている。

集団の平均適応度を自然選択の代わりに人為選択で向上させるのである。真に優れた能力の有無を反映した人為選択で、集団の平均適応度が最大化されねばならぬ、という。

なぜ優生学が重要か——ゴルトンは講演でこう述べている。「優生学が実践されれば、家庭生活、社会、政治の全体的なレベルが高まるだろう」。しかし著書ではこうも記している。「我が英国ほど高度な人間形成が必要な国はない。なぜなら、我々は世界中に我々の種族を移住させており、将来、何百万人もの人類の気質と能力の基礎を築くからである」。ゴルトンの優生学には、功利主義的にユートピアを実現する科学という意味付けに加えて、ナショナリズムと帝国主義が思惑として含まれていた。

それではゴルトンが考える優れた能力——「適した」、好ましく、進歩した善なる性質とは何であったかというと、それは精神、道徳、肉体が優れていること、特に、活力、能力、(男性なら)男らしさ、健康、人徳に優れ、高潔で礼儀正しい性格であった。つまり、ゴルトンの属していた英国の中産階層の価値観を反映したものに過ぎなかったのである(章末註)。だが、数量化と統計を駆使して、それに客観性と科学的な説得力を与えた。

計量には基準が必要だ。だが知的能力のような複雑で曖昧な性質の場合、様々な形で基準を設定できる。基準の決め方の自由度が高ければ高いほど、偏見や差別をよく反映する——別の言い方をすれば、自分たちにとって都合のよい、基準を選ぶことが可能だ。ゴルトンは、能力の基準に、自らの偏見をよく反映し、自分たちの社会階級の能力が高い値を示すような基準を使った。ゴルトンが『天才と遺伝』の中で、高所得者や著名人を、知的能力の高さの指標としたのはその例である。実際は恣意的な基準で選んだ恣意的な指標であるにもかかわらず、数値データが持つ客観性の仮面により、それが示す大小や序列が、科学的に意味のある事実であるかのように正当化されてしまうのである。

では英国人の遺伝的資質の向上を実現するために、つまり社会のより「優れた」構成員の繁殖力を高め、「劣った」構成員の繁殖を阻止するために、ゴルトンはどんな優生政策を考えただろうか。主な提案は以下の通りである。

両親の職業や家系から子供の資質を推定するために、家族の記録と家系図を作り、家系を、①才能あり、②能力あり、③平均的、④退廃的、の「家柄」に区別する。①と②の「家柄」どうしの結婚を推奨し、多数の子を残せるよう報奨金や手当を支給する。これらの「家柄」の女子には早期結婚を奨励する。また公務員や専門職の競争試験の成績を、「家柄」の点数に加算する。最後に国家は、心神喪失者、常習犯、精神異常者を隔離し、子孫を残すことを制限する。

この提案がその後のあらゆる優生政策の基本形となった。ここでゴルトンは二つのタイプの優生政策を説いている。まず、「優秀」と見なした人々の「繁殖」を推奨し、遺伝的に「優れた」人の比率を増やす政策。これを正の優生政策という。もう一つは、「劣る」と見なした人々を排除、あるいはその「繁殖」を抑制し、遺伝的に「劣った」人の比率を下げる政策。これを負の優生政策という。19世紀末以降、ゴルトンの優生学は科学者の間で大きな注目を集めるようになった。ゴルトンに触発されて優生学に関心を持ち、人間の能力の調査を試みる科学者が現れた。

ゴルトンと家族ぐるみの付き合いで、幼少時からゴルトンの影響を受け、その思想を学んで育った心理学者シリル・バートは１９０９年、記憶や認識、連想などの能力を測るテストを作成し、二つの小学校の子供たちに対して実施した。その結果から導いた結論は、知的能力は遺伝する性質であり、上流階級の子は下層階級の子よりも知的能力が高い、というものだった。

その後、フランスで子供の成長に伴う精神の発達状況を知る目的で作られたテストが、知的能力を測るために使われるようになった。やはりゴルトンの影響を強く受けていたルイス・ターマンは、米国でこれを改訂したテストを行い、北欧系に比べて、ほかの「人種」の知的能力が低いと結論した。これがＩＱテストの起源である。元来ＩＱは、優生学の一部として発展したものであり、権力者や意思決定者が、自らの偏見や差別意識を社会に強化、普及させる道具であった。米国でＩＱを利用して始められたギフテッド教育も、元は優生学の一環であった。

なおターマンは、過去の資料や記録からゴルトンの幼少期のIQを約200と推定し、常人のおよそ2倍のIQを持つ「天才」であるとしている。

天才統計学者が継承した優生学

20世紀初頭、隆盛著しいドイツへの警戒感と、英国の衰退への危機感に、当時の自由党政権の政治的な思惑も重なり、英国社会に優生学への関心が高まった。1904年、優生学普及の好機と見たゴルトンは、ロンドン大学に資産を寄付し、優生学研究の場として、優生学記録局を設置した。また一般大衆に優生学を広め、啓蒙するための組織が必要だと考えたゴルトンは1906年、社会活動家のシビル・ゴットに相談した。彼女は21歳という若さにもかかわらず、並外れた情熱とエネルギーで賛同者を募り、道徳教育連盟の後援を取りつけると翌年、優生教育学会（のちの優生学会）を設立した。ゴルトンはその名誉会長に収まった。

公衆衛生や福祉、慈善活動と結びついた優生学運動は、急速に拡大した。社会的弱者を治療したり支援する活動が、そうした不幸な人々を発生させない運動とつながったのである。

ゴルトンは1907年、優生学記録局を弟子のピアソンに譲った。ロンドン大学で生物測定学の研究室を持っていたピアソンは、あわせて二つの研究室を運営することになった。1911年、ゴルトンが死去すると、遺産でロンドン大学に優生学の研究所――ゴルトン研究所が設立され、遺言に従い、ピアソンが所長に就任した。

1907年、ピアソンは著書にこう記している。

「(国家の〝浄化〟は)これまで人と人、人と自然、国家と国家が対抗する闘い、つまり自然選択の作用で行われてきた。その結果、この自然のプロセスを肯定できないほど、私たちの倫理観を発達させてしまった。100年前、我々はまだ犯罪者の大半を絞首刑にしたし、植民地開拓などというまどろこしい言い方をせずに、流罪という終身刑にした(中略)国家を〝浄化〟するための厳しい選別が常に行われていたのだ。肉体的、精神的に弱い者が生き残り子孫を残すチャンスはほとんどなかった。ところがこの1世紀のうちに、人間的な同情心は急速に高まり、〝民族浄化〟のほとんどを阻止するようになった」

ピアソンは自然選択によって発達した人間の同情心が、今度はそれまで作用してきた自然選択の効果と対立するようになった、と主張する。その結果、本来なら社会から除去されていた「不適格」な人間が増えて、全体的に人間の資質が劣化しつつある、というのである。ピアソンは今さら同情心を後戻りさせることはできないとしつつ、こう唱える。

「私は、国家の破滅へと導かれぬよう、あらゆる同情と慈愛を整理し、人種的利益を高める方策をとるよう要求する。これまで無意識のうちに自然のプロセスで行われてきた国家と民族の〝浄化〟を、自発的に実行しなければならないときが来ている」

その主張は、ナショナリズム、階級差別、人種差別、帝国主義的社会主義が、優生学を通して結合したものだった。これは（恐らく無意識の）偏見と差別意識を背景に、彼のシンプルで美しい科学観と、統計を利用した観察結果の誤った解釈と、科学による国家運営という正義が導いた論理的帰結であったと思われる。

科学を捻じ曲げたピアソン

ではなぜそんな答えが導かれるのだろう。

ピアソンにとって自然選択は人間社会も支配する生物学的な法則であった。彼らの研究結果によれば――そこが問題なのだが――人間の肉体的、精神的、道徳はほぼすべて遺伝的な支配を受けている。集団間の「生存闘争」による進化（これも誤りなのだが）が不可避なら、そして集団内の自然選択が必ずしも個人の資質を進歩させないなら、それどころか劣化を引き起こしつつあるなら、人間が自身の手で、人間集団の遺伝をコントロールしなければならない。自然の法則のため、民族や国家間の闘争が続くことは避けられない。闘争に勝ち残るには、自国と自民族を肉体的にも、精神的にも最強の状態に維持しなければならない。それゆえ遺伝的に国民を強化したうえで、自然の法則に従って他国を支配し、帝国を形成し、英国を守らねばならないのである。つまりピアソンにとって道徳的な正しさとは、集団の生存という生物学的基準であった。

この道徳的基準に従えば、社会形態は、国力を最も効率よく発揮できる形でなければならない。階級や労働者・資本家の対立はその障害となるので、取り除かねばならない。これは社会主義なら実現できる。よって最適解は優生学で下層階級を除去して社会階級をなくし、遺伝的に強化した国民と、社会主義政府による帝国主義となる。

ピアソンはこうした優生思想の正しさを裏付けるため、測定し、定量化した人間の様々な性質を統計学的に分析した。例えば精神力、知力、脳の大きさ、顔の特徴など身体的特徴と、階級、民族、文化、血縁などとの関係を、相関、回帰分析を始め、検定、有意水準や有意差、主成分分析などの概念と手法を駆使して解析した。

ところが人間の性質のデータから、統計解析で得た結果を、ピアソンはとても論理的とは言えない奇妙な理屈を使って、優生政策の正当化に使った。科学的事実から政策を正当化できないとき、政策を正当化できるよう科学的事実のほうを捻じ曲げたのである。

ユダヤ人の東欧からの移民を受け入れるべきか、という研究プロジェクトの成果をまとめた論文で、ピアソンと共同研究者は「無差別に移民を受け入れると、進歩が破壊される」

という結論に、データの解析結果を合わせた。

ピアソンらはまず、ユダヤ移民の児童の服装の質が非ユダヤ人の児童より劣っていることを、調査結果から統計的に示した。ただしユダヤ移民児童のデータはたった一つの学校から得たもので、非ユダヤ人児童とは地域も学校も別だった。しかもユダヤ人が服装以外にお金をかけている可能性を無視し、ユダヤ移民が貧しく仕事がなく、従って能力が劣る証拠とした。次にこの調査と同じ児童を対象に、教師の評価から児童の知的能力をランク分けし、非ユダヤ人とユダヤ人との間で比較した。全体の平均では差がなかったため、次に男女別で比較すると、女子の平均に差があった。そこで、ユダヤ人は知能が劣る、と結論したが、サンプルの偏りも含めて信頼性を著しく欠くものであった。

ピアソンらは身体の強さの指標として、結核の死亡率も比較した。英国で行われた先行研究で、ユダヤ移民のほうが非ユダヤ人より死亡率が低いという結果があるにもかかわらず、ピアソンらはポーランドで記録されたユダヤ人の死亡率が、英国の非ユダヤ人の死亡率より高いことを理由に、ユダヤ移民は身体も弱いと結論した。結局東欧からのユダヤ移民は身体も知能も劣るので移民を認めるべきでないとする、著しく差別的な論文だった。

ところがこの研究プロジェクトを資金的に援助していたのは、ユダヤ系の財閥だった(ただしピアソンは客観性を損ねるようなスポンサー等はいないとしている)。スポンサーの意向は不明とはいえ、ピアソンが偏見の赴くままに暴走したため、物議をかもす結果となった。

優生学の世界的拠点

ピアソンの優生学は、ゴルトンよりも先鋭的で、負の優生学をより強く打ち出したものだった。1912年、医師など医療者向けに行った講演会で、聴衆に近年の幼児死亡率の減少を示す図や、親子の病弱さの相関を示す図を見せながら、こんな話をしている。

「医療技術の向上、国家支援と民間慈善活動の強化により、弱者が生存して繁殖できるようになったら何が起きるか。間違いなく、より弱い『人種』ができるだろう（中略）自然選択と医学の進歩との対立から生じる問題から、我々人類を救うには、徹底した優生政策しかありえない（中略）幼児期の死亡率を下げても、立派な人種を作ることはできない。死亡率は選択的なものである。もし自然の効果的な、しかしラフな人種改良の方法を阻止するのであれば、我々は自然の仕事を自らの手で行い、精神的、肉体的に劣った者に繁殖力を持たせないようにしなければならない。将来の組織的で自主的な人種改良において、医学と優生学は手を携えて前進するものと信じている」

現在からみれば、戦慄するような思想だが、当時のピアソンは優生学のみならず統計学の世界的権威であった。

ピアソンは大学内で圧倒的な政治力と発言力を持ち、王立協会のフェローであり、潤沢な研究資金を得ていた。英国の将来を左右する科学戦略として優生学を位置づけた。ゴルトン研究所は優生学の専門誌を発行し、ロンドン大学は優生学の世界的拠点となった。

ただしピアソンは、政治家や事業家、活動家との直接の関係を築くことにはあまり熱心ではなかった。ピアソンは優生学運動に科学とは異質な論理を使うという理由で、非専門家を嫌っていた。要するにそうした人々の活動に含まれる、慈善活動や福祉のようなやさしさを蛇足と見て嫌悪したのである。そのため非専門家が中心の優生教育学会とは関係を持ちたがらなかった。

そこで社会への影響力拡大を目論む優生教育学会は、ゴルトン亡き後、それに代わる新しい実力者を迎え入れた。ダーウィンjrこと、レナード・ダーウィンである。

その後、英国の優生学運動は、ピアソンのゴルトン研究所と、ダーウィンjrやゴットら優生教育学会の二つの拠点が独立に進めていく形になった。

（章末註）当時の英国社会は、富裕さと職業から大きく上流階級、中産階級、労働者階級に区別された。人口の大半は労働者階級であり、20世紀始めの段階でも、労働者階級だけで人口の8割を占めていた。

第八章　人間改良

ダーウィンの息子

1918年の論文で、フィッシャーがメンデル派と生物測定学派の統合を鮮やかに成し遂げ、ダーウィンjrへの謝辞を述べたとき、英国優生教育学会（のちの優生学会）の会長はダーウィンjrだった。フィッシャーがその研究を進め、その論文を発表したもう一つの目的は、ダーウィンjrと同じく人類の遺伝的改良だったのである。

その7年前の1911年、ケンブリッジ大学の学生だったフィッシャーは、のちに経済学者となるジョン・メイナード・ケインズらとともに、ケンブリッジ大学優生学会を立ち上げた。

1912年、この会合の場で大学生のフィッシャーは、「社会選択」と題する講演を行い、分業で高度に組織化された社会と高い能力を持つ個人で構成された自由な社会の優劣を、生物学的に考察した。この講演で、人間社会の問題を解決する方法としてフィッシャーが提案したのは、幸福の最大化や理想の実現を目指す代わりに、社会の安定性と生存力の最大化、を実現する進化学的プロセスを利用した、優生学に基づく社会政策だった。

その年、第1回国際優生学会議が開かれると、フィッシャーは会議の世話人を務めた。その第1回国際優生学会議では、主催者であるダーウィンjrが開会演説のなかでこう訴えていた。
「私たちの目標、すなわち将来の人種的資質の向上は、勇気をもって取り組むにふさわしい崇高なものである。（中略）進歩の機構として、自然選択の盲目的な力に代わる自主的な選択が必要である。人類はこれまで進化の研究から得たあらゆる知識を、将来の道徳的および肉体的進歩を促進するために利用しなければならない」

自然選択による進化は進歩ではない——をよく認識していたダーウィンjrは、著書に「進化は劣化を伴う可能性のあるプロセスである」と記し、「自然選択が人間の進化に及ぼす悲惨な結果を想定し、それを見過ごさぬよう、人間の介入が必要である」と主張した。

レナード・ダーウィン

自然選択は好ましからざる結果を人類にもたらす場合がある、それを人為選択による人類の改良で防ごうというのである。

ダーウィンjrは人間が持つ能力は、知性や精神活動も含め大半が遺伝的な支配を受けていると考えていた。それゆえ過去の大帝国の衰退は、進化が人間の能力を低下させたために起きたと考えた。「ローマ帝国が経験したような衰退を英国が避けたいと望むなら、人類に対する（人為的な）選択は、大英帝国にとって優先事項であるべきだ」と、ダーウィンjrは著書で述べている。

階級的立場からの決めつけ

ダーウィンjrが懸念していたのも、貧困層や下層階級など、能力的、道徳的に劣る、と彼が信じていた人々のほうが、富裕層に比べて出生率が高いことだった。文明国では死亡率が下がり、階級間で差がなくなる一方、富裕層のように能力が高く、繁殖以外の活動に割く時間とエネルギーの多い人々ほど、出生率が下がって繁殖に不利なのだ――これが彼の考える、文明の発展に伴って人類に作用する選択の効果であった。

人間――正確には人間の意思決定者の手による選択で、この効果を進化的に逆転させようと目論んだダーウィンjrは、次のような政策を提言している。①繁殖を奨励すべきでない集団（弱者や貧困者）に対する国からの給付制度の停止、②心神耗弱者や常習的犯罪者の不妊化または隔離、③人口抑制のため、世帯当たりの子供の数を抑制。

ゴルトンと同じく、これはダーウィンjr自身の階級的立場を反映した着想であり、英国の富裕層や中産階級を捉えていた階級意識に伴う偏見や差別意識、エリート意識を、進化を通して科学と結びつけたものであった。

優生学は事実上、人々の優劣を特定の階級の人々が決めたうえで、その階級の社会的地位と偏見をよりいっそう反映する社会を作るために使う応用科学だった。英国の優生学は社会階級の問題と密接に関連していた。「不適」な性質とは、エリート層にとって好ましくない性質のことであった。一方、「適者」の性質とは、エリート層がおおむね抱いていたプロテスタントの労働倫理に適合する性質であった。

差別と偏見の反映に他ならない動機を隠し、その解決手段を正当化するには、信頼できる科学が必要だった。優生学の規範は、差別や偏見のような恣意的な意識ではなく、科学的事実から導かれるというのが建前だからである。その信頼性を高めるためには、進化研究を信頼できる科学に発展させる必要があったのである。つまり優生学と進化学は両輪であった。それはフィッシャーも同じだった。

天才統計学者が書いた「怪文書」

現代進化学の幕開けを飾るフィッシャーの1930年の著書『自然選択の遺伝学的理論』は、前半（1～7章）と後半（8～12章）に内容が分かれている。現在では多くの場合、この著書に対する評価は前半だけが対象であり、後半はほとんどなかったことにされている。なぜなら後半は荒唐無稽な優生学の「怪文書」だからである。

フィッシャーは、道徳や知性など、精神的能力も肉体的特徴と同じく、「遺伝的法則」に従う、としたうえで、社会階級の高さはこうした先天的な精神的能力の高さと明確な関係があると説く。そのうえで、英国社会では、上位の階級ほど出生率が低い、という能力と繁殖力の逆相関があることを示す。フィッシャーは、社会的な成功と、進化的な「成功」のパラドクスを、次のように説明している。

「社会的な人間にとっては、努力で勝ち得た成功は、社会的地位の維持や獲得と不可分である。ところが社会的地位が低い職業ほど繁殖力が強いのだ。つまり私たちは、生物学的な成功者が、主に社会的失敗者であるというパラドクスに直面しなければならない。また同様に、社会的に成功した富裕な階級は、生物学的にはほぼ失敗者、つまり生存闘争に不適格な者であり、おおむね速やかに人類集団から根絶される運命にある階級だということになる」

逆相関の理由は、上位階級ほど若年齢での軽率な結婚を避けるうえ、子に養育費を掛けようとするので、家計の負担を減らすため、多くの子を望まないからだという。次にフィッシャーはこれを19世紀半ばにジョゼフ・アルテュール・ド・ゴビノーが提唱した偽史――文明退化論と結びつけた。ゴビノーは世界のあらゆる文明は白人が築いたが、その後異民族との混血で衰えたと主張していた。フィッシャーは、古代文明の衰亡をもたらしたのはゴビノーが唱えた混血ではなく、この逆相関による進化的劣化である、と説いたのである。

フィッシャーはこう記している。

「出生率と階級が逆相関する社会では、努力による成功は生存闘争に負けることを意味する。従って、未来世代の祖先に選ばれる人間のタイプは、社会への優れた貢献により称賛や報酬を得る可能性が最も低い人である（中略）（衰退した）ローマ帝国の状況は、確かに現代の国々で観察されるものと似ている」

精神的能力の低さに有利な選択が働く結果、人々の資質が低下し、文明の衰退が起きるというのである。ではこの危険にどう対処すればよいか。フィッシャーが優生学者として提案した解決策は、上位の階級がより多くの子を持てるように、国が家族手当を支給することであった。

ただしフィッシャーが想定する社会階級は、ダーウィンjrが意図する伝統的な社会階級とは必ずしも一致していない。フィッシャーにとって、上位階級は富裕層ではなく、知能と関係する遺伝子で決定される「知的階級」を意味していた。フィッシャーは大学生時代に行った講演の中でこう述べている。「どんな階級に生まれたかにかかわらず彼らを選び出し、彼らが出世できるようにし、自分と同じ知的階級の女性と結婚するよう奨励する。そして何よりも重要なのは、彼らの出生率を一般人よりも高くすることだ」。

こうした主張の背景は、貧困層から奨学金と数学の才でエリート層にのし上がりつつあった若き日のフィッシャーを考えるとわかりやすい。また妻との間に8人の子をなしたフィッシャーは有言実行を心がけたのかもしれない。

1930年代まで、英国の遺伝学者や進化学者の多くは優生学者だった。総合説を主導したホールデンやジュリアン・ハクスリーも、優生学者だった。特に1920～30年代のJ・ハクスリーは、先鋭的な優生学の信奉者であり、社会変革により知的能力と身体能力の優れた人どうしの結婚を促進して、エリート層を進化させるとともに、下層の労働者（特に失業者）の自発的な不妊手術を訴えていた。人類の遺伝的改良を訴え、優生学の普及に努めた科学者は少なくなかったのだ。

フィッシャーは主に上位階級の出生率を高める、正の優生学を強調したが、その一方で、負の優生政策も提案している。それは、精神、肉体に遺伝的な問題があると判定された場合、不妊手術を行うというものである。ただし強制的な措置として行うのではなく、あくまで自発的かつ任意で行う、という提案だった。

こうした不妊措置による負の優生政策は、中産階級から支持を集めたが、排除の対象は貧困層と下層階級であり、「人種」や民族は、あまり焦点にならなかった。もちろん英国にも人種差別は存在し、ピアソンのように移民対策を訴えた優生学者もいた。しかし米国のような人種差別政策の方向には進まなかった。フィッシャーも人種差別には関心がなく、当時、英国社会で差別のあったインドの科学者に対しても敬意を払い、研究室にインド人学生を受け入れ、対等に接した証拠が残っている。

優生学は偏見を通して社会が抱えている問題やゆがみを反映するので、米国では人種問題、英国では貧富、格差と社会階級の問題という、それぞれの社会的弱点に結びついたのだと考えられている。

転換点

ダーウィンからヒントを得たゴルトンに始まり、ピアソン、ダーウィンjr、フィッシャーと受け継がれた英国の優生学だが、実は優生学が政界にも支持を広げ、中産階級を中心とする活発な社会運動となっていたのは１９１０年代初めまでであった。その後の英国の優生学運動は、下り坂を迎えた。皮肉にもフィッシャーが生物測定学派とメンデル派を統合し、現代進化学の基礎を築いたときには、すでに英国の優生学は衰え始めていたのである。

１９１０年代初頭までは、英国で優生学をはっきり批判した科学者はまれだった。そのまれな一人が、ベンジャミン・キッドだった。

決して誤りを認めず、自説を曲げない頑迷な人がいる一方、誤りを認めて意見を柔軟に修正する人もいる。人の思想はときの移ろいとともに変わりうる。

ベストセラーとなった処女作『社会進化論』を送り出してから20年後、思索を重ねたベンジャミン・キッドは第一次世界大戦のさなかに人生最後の著書を執筆した。

「それ（自然選択）は動物の能力についての主張であり、文明の科学とは無縁なものだ」

没後の１９１８年に出版されたその著書で、呪いを解いたキッドは、自然選択（適者生存）とダーウィン進化論を社会に当てはめる考えを激しく批判した。そして人種差別と帝国主義を「過去5世紀の西欧を特徴づける、最も悪質で反動的な活動」と断罪したのである。

キッドは１９０４年にゴルトンの講演を聞いたときのことを、「倒錯したダーウィニズムが西洋文明にもたらす危険性を初めて本当に理解した日」と表現した。優生学の本質を科学的進歩ではなく、野蛮な「古代から引き継がれた観念」とみたキッドは、それを布教するピアソンを、「異端審問の狂信者」より頑迷で、社会にとって有害だと批判した。

「それ（優生学）による〝知的運動〟が社会に厄災と破滅を招く可能性に気づくことなく、現代の西欧社会でこうした主張を（ピアソンが）できたという事実は、後世の人々から見れば、信じがたいことかもしれない」

キッドは、人生の最後を優生学とそれを布教するピアソンらとの戦いに費やしたのである。

もう一人、早い段階から優生学を危惧し、批判していたのがベイトソンである。優生学への社会的な注目が高まっていた1905年、ベイトソンは雑誌に寄稿し、こう記した。

「(社会への)啓蒙活動が行われて、遺伝の事実を一般市民が知るようになったら、何が起こるだろうか。ひとつ確かなことがある。人類は(人類の遺伝に)干渉し始めるだろう。多分それをやるのは英国ではない。それは過去と決別する用意ができていて、『国家の能率増進』に熱心などこかの国だ(中略)長い目で見て何が起きるかわからないからという理由で、こうした実験が長く先延ばしにされてきたことはない。力が発見されると、人間はいつもそれに目を向ける。遺伝の科学は、やがて途方もない力を与えるようになる。そして、ある国で、ある時期に、恐らくそう遠くない時期に、国家の構成を制御するためにその力が利用されるだろう。こうした管理制度が、最終的にその国にと

ベンジャミン・キッド

って、あるいは人類にとって、吉と出るか凶と出るか、それはまた別の問題である」

ベイトソンが優生学に対して否定的な態度をとり始めたのは、この頃からである。進化のプロセスをめぐってピアソンたちと激しく対立していたにもかかわらず、それまでベイトソンは優生学を支持していた。しかしその隆盛が逆にベイトソンの懸念を深めたのかもしれない。1909年には「遺伝子の科学は（中略）こうした提案を明確に承認したりしない。また、民衆の感情を導こうとするこの憶測に、根拠があるのかどうかも疑問だ。敵と見なした人々を操ろうとする者が、最も苛烈で残忍な手を使おうとしたとき、これまで社会がそれに反対したことはない」、と優生学の危険性を強く警告している。そして1912年には講演でこう語っている。

「これまで天国で決められていた英国人の結婚が、（政府機関のある）ウェストミンスターで決められるようになったら、もっと幸せになれると考える人もいるかもしれないが、私はそうは思わない。人間に利用した場合の遺伝的な作用について、知識がまだ乏しいことをよく理解している者にとっては、消極的な優生学者の建設的な提案でさえ、支持できるものとは思えない」

彼の批判の要点は、遺伝学が得た知識はまだほんのわずかで、人間への応用を考える段階ではない、というものだった。またベイトソンは遺伝の仕組みは非常に複雑で、性質と遺伝子を1対1の単純な関係で捉えるのは誤りだと考えていた。例えば、精神異常者の性質は、社会や芸術、科学を飛躍的に発展させる偉人たちの性質と、同一の遺伝的素因が違う形で現れたものかもしれないし、もしそうなら「不適格」と認定した人々を排除してできる社会は、何の創造性も、発展も、進歩もない、つまらない凡人だけの社会になるであろう、と述べている。ただしメンデル遺伝を支持する考えが、必ずしもベイトソンを反優生学に導いたわけではないようである。生物測定学派かメンデル派か、という基礎研究の位置づけや、支持する進化仮説の違いは、一般に研究者が優生学を支持するか否かとあまり関係がなかったとされている。ピアソンの盟友、ウェルドンも優生学にはほとんど関わりをもたなかった。

ベイトソンを駆りたてていたのは、あくまで自然の真理に迫りたいという基礎研究への情熱であり、応用研究や実学にはあまり関心がなかった。それゆえ優生学を批判できたのだろう、というのが科学史家の見方である。

一方、中にはそれを、反差別、男女同権を訴え、階級社会を批判するベイトソンの進歩的でリベラルな人間性と結びつける意見がある。だが人間性と科学への姿勢・信頼性とは、分けて考えたほうがよい。加えてベイトソンのリベラルさは状況依存的であったとされる。

ベイトソンは3人の息子たち全員に対し、生物学者になるよう強制し、幼少時から英才教育を施したという。理由は、中産階級の安定した地位を守るには、科学者が最適な職業選択だと考えたから、とされる。しかし最も従順だった長男は、第一次世界大戦に出征して戦死。次男は支配的な父親に反発して生物学を捨て、劇団員になったが、意中の女性との結婚を父親に「相手女性の家柄が悪い」と反対された挙げ句、破局を迎えて自殺。三男も婚約者との結婚を父親に「相手女性の家柄が悪い」と許可されず、反発、生物学を捨て英国を去り南太平洋や東南アジアの滞在を経て、米国に渡った。なおベイトソンは敬愛するグレゴール・メンデルにちなみ三男をグレゴリーと名付けたが、この三男がダブルバインド理論の提唱者で、文化人類学・社会科学・精神医学の巨人、グレゴリー・ベイトソンである。

ダーウィンの息子 vs. ジョサイア4世

英国で1904年から1908年にかけて行われた、「心神耗弱者のケアと管理に関する王立委員会」の調査報告書は、心神耗弱者を始め、遺伝的な欠陥があると判定された者の強制不妊化の必要性を指摘した。この頃から優生学運動は中産階級を中心に急速な盛り上がりを見せ、活発な社会運動へと発展した。政府にとっても優生政策はメリットが大きかった。貧困や格差を先天的な問題で自然なものだと説明できれば、福祉予算を削減できるからである。経済の効率化と歳出削減の圧力に晒されていた政府には渡りに船の政策であった。しかもそうした社会問題に対する自らの不作為を、合理的なものと説明できる点でも、政府にとって優生学はありがたい存在だった。こうして英国の優生学はクライマックスを迎える。

1912年、ロンドンで開催された第1回国際優生学会議の参加者は約800名に達し、その約9割が英国人であった。政治家や王立協会会長など、数多くの有力者が参加した。当時海軍大臣だったウィンストン・チャーチルも出席した。

会議を主催したダーウィンjrと事務局を務めたドットが率いる優生教育学会のメンバーは、主に専門職者と中産階級の人々で構成され、社会的に大きな発言力を持つ政治家や実業家、活動家が含まれていた。学会員の約3分の1は女性で、彼女らは科学による結婚の選択、母としての地位向上、健康な子供の誕生がかなうという点で、運動に惹かれたのだという。優生学は、女性の権利向上や政治参加を求める活動とも結びついていた。

中産階級の強力な支持を得たダーウィンjrは、「不適格者」に対する強制不妊手術の法制化を実現するため政界に働きかけた。ダーウィンjrの意を受けた優生教育学会メンバー議員の手で、王立委員会の報告書をもとに、心神耗弱者の不妊手術法案が起草され、国際優生学会議の開催を目前に控えた1912年6月、超党派で議会に提出された。この法案の起草には、チャーチルも関わったとされる。

法案には、「彼らから子供を作る機会が奪われるのは、社会の利益のために望ましい」という条項に加え、子供を強制的に家族から引き離す権限を国家に付与し、一般市民からの報告に基づいて警察が職務を果たすよう定める条項が含まれていた。私案として出された段階では反応の鈍かった議会も、正式な提出後はほぼ全議員が支持に転じ、法案の成立は確実と思われた。

ところがここで断固反対とばかり、法案の前に立ち塞がった政治家がいた。「これまでに提案されたものの中で最も忌まわしいもの」――そう怒りの声を上げて立ち上がったのは、国会議員でダーウィンjrの従甥、ジョサイア・ウェッジウッド4世であった。

ウェッジウッド家はダーウィン家と古くから婚姻を繰り返し、チャールズ・ダーウィンの母も妻も姉の夫もウェッジウッド家であった。ジョサイア4世の曽祖父は、ダーウィンと進化論の恩人、ジョサイア・ウェッジウッド2世である。

しかしジョサイア4世は、議会でその法案と優生学を厳しく糾弾した。

「この法案の裏に書かれている精神は、博愛の精神でもなく、人類愛の精神でもない（議場から、おお、と声が上がる）。この法案は、労働者階級を家畜のように育種しようとする恐ろしい優生学会の精神を示すものである。（中略）労働者階級の品種改良に執着する人々は、魂の存在を思い出すべきだ、そして人々を金儲けの機械に変えたいという願望は、H・G・ウェルズの恐ろしい悪夢でしかないことを思い出した方がよい。『タイムマシン』の中で描かれた数千年後（原文ママ）の社会では（中略）残念ながら完全体には脳がなく、労働者階級は猛獣以下の闇の労働者となる」

彼は優生学の科学的な信頼性にも不信を抱いていた。遺伝の法則に対して「あまりにも不確実で、いかなる教義を信じることも、ましてやそれに従って立法化することもできない」と批判した。そして精神的な欠陥の有無が、権力者の意向で恣意的に決められる危険性を警告した。「何の罪も犯していない人を終身刑にする法案である」「不幸な人々には権利がないかのごとく、すぐに不適格者と断じて強制隔離をするなど許されない」――彼らに必要なのは、政府の援助と資金によるケアと、施設の提供も含め、自立して生活できるよう支援することだ、と訴えたのである。

リバタリアンだったジョサイア4世が最も危惧したのは、この法案が個人の自由に対する脅威であるという点だった。彼にとって自由は正義であり、国家が侵害することのできない個人の権利であり、物質的な利益を上回る幸福を人々にもたらすものだった。歴史家によれば、このジョサイア4世の政治思想は、スペンサーの自由主義思想と進化論に由来したものだという。個人の人生、結婚、家庭、育児、教育に対する国家の介入と強制は、スペンサーの進化論に従えば、社会を弱体化させる最も由々しきモラルハザードであった。

ジョサイア4世は議会でこう訴えた。「この法案には人権が人類の利益に優先する、という視点が欠けている」「私たちの目的は、何よりもまず、あらゆる人のために正義を確保することである。それは、人種改良などという物質主義的なものよりも、はるかに大きな全国会議員の責務である」。

ジョサイア4世の反対演説は鋭く、批判は効果的だった。説得力のある訴えが功を奏し、法案の欠陥が明らかになると、多くの議員が態度を変えた。その結果、議会に提出された法案は反対多数で否決された。

法案はいったん取り下げられたが、次の国会で、不妊手術など優生学の要素を削除し、人権への配慮を盛り込んだうえで、改めて心神耗弱者の隔離を認める法案が提出された。しかしジョサイア4世は納得せず、再び激しく抵抗した。ジョサイア4世は最後、2晩かけて150回の演説を行い、120の修正案を提案して法案成立を妨害した。その間、彼はバーリーウォーターを飲み、チョコレートを齧って力を振り絞ったが、ついに声が出なくなり、力尽きたという。1913年、最終的に法案は可決された。

完全な廃案には追い込めなかったものの、優生学的な法律の制定は阻止された。ジョサイア4世には、その気骨と執念を称える手紙が届き、新聞も彼の不屈の闘志を称賛した。

これを機に社会から優生学への批判的な声が高まり始めた。ただし、それから程なくして英国は第一次世界大戦に突入したため、科学者から本格的な優生学への批判が始まるのは戦後になってからであった（章末註）。

若き優生学者の懺悔《ざんげ》

ピアソンの指導で、〝他国との戦争に勝てる国民を優生学で進化させる〟研究に従事していた、ゴルトン研究所の若い研究員が、兵役に服し、第一次世界大戦に出征した。戦争が終結し、復員した彼は1919年、優生学の機関誌にこんな手記を寄稿した。

「私は性分、教育、職業において生物学者であり、国民であり、愛国者を志していた。私は穏やかな研究の場から引き離され、軍隊の不可解な生活に投げ込まれた。（中略）戦争が始まり、今になって私は、自分が騙されていた、と告白しなければならない。今の私はこう確信している。①動物に対するダーウィン的な効率性の基準は、社会の一員としての個人の基準とはならない。またダーウィン的な進化の科学は、社会の科学ではない。②人間の精神的、道徳的資質は、むしろ後天的なものである。（中略）現代の戦争は、過去の人類の経験とはまったく異質であった。過去の市民生活には、兵士になるための精神的、道徳的資質を必要とするものはなかったのだ（中略）訓練と感情の制御により、私たちはみな、行動、意識、動機の面で兵士になった。私たちは、制服が意味するものをすべて受け入れ、別人のようになった。（中略）最適化された動物、というダーウィン的概念を、社会の一員たる個人の規範に使うことを、私は拒否する。代わりにキリストのような人間を再び模範とするよう求める——キリスト教徒としてではなく市民として。将来の世代が持つ肉体・精神の質を決める一番重要なものは、社会的継承であり、社会の進歩が獲得してきたすべてであり、教育を通じ、心を介して各世代の個人が学ぶ環境要素である——そう私は確信している」

優生学の理念を根底から否定する記事が、こうして優生学の機関誌に掲載されたという事実は、現状に批判的な優生学者が英国で増えてきたことを示唆している。

先鋭的な優生学者のホールデンもJ・ハクスリーも、優生学の人種差別的な要素を強く批判するようになった。精神遅滞の遺伝的な要因を解明したライオネル・ペンローズは、精神的欠陥と認定されるかどうかは、どの社会階級に入っているか次第で決まる恣意的なものだと、優生学が階級間の差別と偏見に根ざす点を批判した。また遺伝学者のパネットは、数学者ハーディの力を借りて計算を行い、有害だが潜性の対立遺伝子を集団から除去するには膨大な世代数が必要で、優生学が掲げる目的は非現実的である、と主張した。

第一次世界大戦後、優生教育学会は劇的に会員数を減らし、その後も回復しなかった。

ピアソンは優生教育学会を嫌って一切支援せず、政治家や事業家との連携に無関心だった。新たに優生学の指導的立場についたフィッシャーも、政治とは一定の距離をとっていた。

1931年、心神耗弱者の自発的な不妊手術の法制化案が英国議会に提出されたが結局採択されず、法律は制定されなかった。1934年には、不妊手術に関する部門委員会の議会報告書（Brock報告書）が、「心神耗弱者の不妊手術を許可、奨励する」と結論づけ、不妊手術を「欠陥」のある人の「権利」だと主張した。しかしこれも議会での支持は広がらなかった。

結局、1920年代以降英国では優生政策の法制化は行われなかった。英国の優生学運動は、政界、産業界と科学者の緊密な連携に乏しく、ドイツのような政治主導の科学政策とも無縁で、推進力が欠けていたのである。

しかも英国の場合、活動の核となるべき優生教育学会が、組織上の問題を抱えていた。優生学会と改称して組織強化を図ったものの、1930年代、内紛から多くの会員が離脱し、フィッシャーも距離をとるようになった。学会の弱体化に伴い、一部の先鋭化した会員が「不適格者」の安楽死を訴えたり、ナチスの優生政策を賛美したりしたため、社会的な支持を失っていった。副会長に就任したケインズと、同じく副会長となったJ・ハクスリーが人種差別やナチスを批判するなどしてイメージアップを図り、優生学の立て直しを試みたが、ときすでに遅しであった。

英国には政財官学を束ねる科学権力者がいなかった。その結果、幸いにして英国の優生学運動は衰退していった。

（章末註）法案への他の有力な反対者として、政治家のロード・セシル、作家のG・K・チェスタートンがいた。クロポトキンは国際優生学会議で講演し、優生政策を「無益」と断じたうえ、その不妊化政策を「間違いなく最大の犯罪のひとつ」と批判した。「病人、不成功者、精神病患者に対する不妊手術を社会が認める前に、これらの社会的原因を究明するのが私たちの重要な義務なのではないか」と訴えている。

第九章　やさしい科学

米国の優生学

１９１０年代半ばから衰えを見せた英国の優生学とは逆に、急成長したのが米国の優生学だった。

ゴルトンの優生学を最初に米国に伝えて布教したのは、第五章に登場した魚類学者のデヴィッド・スター・ジョーダンである。彼は１８８０年代、インディアナ大学で行われた講演で、ゴルトンの優生学を米国で初めて紹介したとされる。１９０２年に出版した優生学の著書は、米国で優生学が普及する起爆剤となった。

ジョーダンの思想は負の優生学を重視し、かつ人種差別的な要素が非常に強かった。白人以外を「猿」、「進化的に猿と近縁」と表現し、著書に「マレーの海賊や未開の内陸部にすむ黒い鬼どもは、多くの猿と同じように自治能力を持つ」などと記している。米国が米西戦争に勝利した際には、フィリピン併合に反対し、新聞にこんな記事を寄せた。

「奴隷は人間ではない。堕落した民族、依存的な民族、異質な民族が我々の国境内に存在したとしても、それらは合衆国の一部ではない。彼らは社会問題であり、平和と福祉に対する脅威である」

ジョーダンは１９０６年に米国育種家協会・優生学委員会の初代委員長に就任、優生政策を主張し、「不適格」な人々の強制不妊手術を訴えた。1907年、米国初の優生学的な不妊手術法がインディアナ州で制定されたが、その成立にはジョーダンの意向が大きく働いたとされる。また人種隔離政策を提唱し、白人とそれ以外の人々の隔離、および白人以外の移民の禁止を主張した（ただし日本人を除く。日本人白人起源説を信じたためだという）。

ジョーダンに続いたのがダヴェンポートだった。ピアソンから統計学とともに優生学を学んだダヴェンポートは、ピアソンと協力関係を結び、優生学の普及に乗り出した。ただしのちにダヴェンポートがメンデル派に接近すると、メンデル嫌いのピアソンとの関係は破綻した。

優生学を「品種改良による人類改良の科学」と定義するダヴェンポートは1910年、コールドスプリング・ハーバー研究所に優生学記録局を設立した。ウォール街の金融業者や事業家から莫大な資金援助を受けたダヴェンポートは、米国の優生学を強力に推進した。ダヴェンポートは動物の育種業界とも緊密な関係を築いており、ウマなどの育種技術を人間へ応用できると考えていた。米国育種家協会を率いるジョーダンとも連携を深めた。

ダヴェンポートが遺伝学と進化研究を進めた目的は、すべて優生学だった。特に精神や知性、嗜好に関わる特性が、少数の遺伝子が支配する単純なメンデル遺伝で説明できると考え、精神的な疾患やアルコール依存症、さらには犯罪から貧乏に至るまで、すべて有害な遺伝子が引き起こす問題であると説いた。もちろん、こうした考えは誤りである。だがダヴェンポートは、強引で不適切な定量化と統計解析によって、一見もっともらしい関係を導き、古くから西欧社会に存在していた偏見を、科学の文脈を使って正当化した。

ダヴェンポートは遺伝的基盤を想定した性質を、「人種」や「民族」にも結びつけ、人種的偏見と差別を正当づけた。例えば、遺伝的にイタリア人は暴力的な犯罪に及ぶ傾向があり、ユダヤ人は窃盗を働く傾向があると主張した。そしてこうした遺伝的に欠陥のある移民の流入が続くと、米国人の遺伝子構成が「悪化」し、国民の肌の色素が濃くなり、身長が低くなり、様々な犯罪が頻発するようになる、と力説した。

ダヴェンポートは「優れた」北欧系の「人種」の遺伝子を維持するため、「好ましくない性質」を持つ遺伝子や「不適格な人種」の遺伝子を、米国国民の遺伝子構成から除去する必要があると主張したのである。

もちろん現在では「人種」という生物学的概念は存在していない。最新のゲノム研究でも、「人種」は人間の遺伝的多様性を分類・理解するうえで有効な手段ではないという合意が得られている。「人種」という言葉は現代の遺伝学でほぼ使われなくなった。

だが実は20世紀初頭の時点ですでに米国には、生物学的な「人種」の存在を否定し、代わりに文化や成育環境が人間の多様性を理解するうえで重要だと考える人類学者たちがいた。フランツ・ボアズを中心とした米国人類学会のメンバーである。ダヴェンポートとほぼ同時にピアソンから学んだ統計学を使い、ボアズは人間の身体的特徴の多くが、いかに環境と育ちの違いで説明できるか示してみせた。ボアズは、「人種」の考えとその生物学的な存在を否定し、優生学とダヴェンポートを強く批判した。

ボアズ率いる人類学会に対抗するためダヴェンポートは1918年、二人の協力者とともに、人類の進化研究を目的とする新しい協会を立ち上げた。協会は米国の科学界で特に大きな権力を持つメンバーで構成され、政治家も参加していた。協会のメンバーはボアズと人類学会を批判し、アメリカ先住民文化の研究などという無駄な研究に時間を浪費してきた人類学者に代わって、戦争や移民といった差し迫った社会問題の解決に役立たせるため、「人種」に焦点を当てた研究をすべきだ、と主張した。

優生学綱領

どんな形質でも遺伝子との単純な1対1の関係で説明してしまうダヴェンポートの遺伝学は、粗雑で誤っていた代わりに、シンプルでわかりやすく、またそれを利用した優生学の訴えは、派手で説得力があった。その結果、事業家や民間財団から潤沢な資金援助を受けた協会の活動は、メンバーの大半が会員となっている米国科学振興協会や米国科学アカデミーを通して、科学界のみならず政界でも大きな影響力を発揮した。第一次世界大戦の際にはダヴェンポートや協会メンバーが軍事研究に関わった。例えばダヴェンポートの教え子で、のちに霊長類学の第一人者となる動物行動学者ロバート・ヤーキーズは、米軍兵士の知的能力評価のため、アーミーアルファと呼ばれるテストを開発し、導入した。

戦後、ヤーキーズの協力者が、このテストで得られたデータを、人種間で知的能力に大きな差がある証拠として利用した。また、人種間の混血により米国人の能力が劣化しつつあると主張し、「不適格」な人種の排除を訴えた。

なお、これをもとにしたテストが1926年、米国の高校生を対象とした大学入学試験に使われた。これがのちの大学進学適性試験（SAT）の起源である。

政財官学を支配下に収めたダヴェンポートの強力なリーダーシップにより、米国の優生学は社会運動へと発展した。不適格な遺伝子や「人種」を排除しよう、という優生学運動の主張は、事業家、企業経営者、政治家、科学者、社会・経済学者、医師、活動家らの献身的な活動で、1920年代の米国社会に広く浸透した。

ダヴェンポートはこの優生学運動の規範を定めた、「優生学綱領」（Eugenics Creed）を発表している。それは以下のようなものだった。

・私は人類を、協力的な労働と効果的な努力が行われる最も高い次元の社会組織に引き上げるよう努めると信じる。

・私は、自分が持つ遺伝形質の受託者であり、これは数千世代を通じて私まで受け継がれてきたものである。もし私が（その遺伝形質が良好であるにもかかわらず）その優れた可能性を危機に晒す行動をとったり、個人的な都合で不当に子孫を制限したりするのなら、その信用を裏切ることになると信じる。

・私は、慎重に結婚を選んだなら、我々夫婦は、慎重に選択した遺伝形質が十分に複製されるよう、また、軽率に選択された遺伝形質に負けぬよう、4〜6人の子供を持つべきだと信じる。

・私は、社会に適さない遺伝形質で我が国の遺伝形質を劣化させることのないよう、移民の選別が行われると信じる。

・私は、もし本能への従属が次世代を傷つける場合、自己の本能を抑制できると信じる。

ここにはのちにナチスが制定した悪名高い優生政策、ニュルンベルク法のあらゆる要素と原型が認められる。ダヴェンポートの主張の大半は科学的には誤りだったにもかかわらず、数量化と統計を使った偽りの客観性と単純さ、わかりやすさによって、偏見と差別、そして非人道的な優生学運動に科学の名目で正当性を与えてしまったのである。

ダヴェンポートが政治と資金の力で優生学の推進と普及に努めたのに対し、ダヴェンポートの弟子であり右腕だったハリー・H・ラフリンが情熱を傾けたのは、優生学を制度化し政策として実現することだった。ラフリンは、コールドスプリング・ハーバー研究所の優生学記録局を優生政策のシンクタンクに位置づけた。

ハリー・H・ラフリン
（American Eugenics Society）

遺伝的に「不適格」な人々の強制不妊手術による排除と、遺伝的に「劣る」「人種」・民族の移民阻止が、ダヴェンポートとラフリンの目標だった。

１９１４年、ラフリンを中心に優生学記録局が組織した専門委員会は、今後国家事業として進めるべき優生政策のロードマップ案を発表した。報告書では、米国民の〝下位〟10%は文明社会への対応能力を欠いた遺伝子の保有者で、その生存は社会的脅威であると結論づけた。そしてその除去のため、今後65年間に１５００万人の不妊手術を実施するよう提言した。

強制不妊手術は、1907年にインディアナ州で、1909年にはコネチカット州で合法化されたのち1914年までに、米国の12の州でそれを認める法律が成立した。だがカリフォルニア州を除き、行政上の問題やキリスト教原理主義の抵抗からなかなか実施には至らなかった。そこでラフリンは1922年に各州が法律の手本とすべき強制不妊手術法案を起草した。

1927年のキャリー・バック裁判でも、ラフリンは重要な役割を果たした。専門家証人の一人として、強制不妊手術の必要性を訴えたのである。ラフリンはバックの家族の家系図を示し、彼女の弱視が遺伝によるものだと主張した。この裁判で強制不妊手術が法的に正当とされた結果、「倫理的な壁」が崩れ、米国全土で多数の「不適格者」に対する強制不妊手術が開始された。

ラフリンは、新たな移民の制限という目標も実現させた。特定の民族、人種の流入を阻止すべくキャンペーンを張り、議会に働きかけた。IQテストのデータを利用し、「スラブ人、ユダヤ人、イタリア人などは精神的に劣っており、それは民族的、あるいは少なくとも体質的なものである」と議員を説得した。こうしたラフリンの活動は、1924年の移民法（ジョンソン―リード法）制定に大きく寄与した。この法律を提出した下院議員アルバート・ジョンソンは優生学運動の推進者であり、ダヴェンポートが1918年に設立した人類進化研究の協会メンバーであった。

この移民法により南欧と東欧（主にユダヤ系）からの移民は大幅に制限され、アジア系の移民は禁止された。この法律は日本で排日移民法と呼ばれてきたものだが、必ずしも日本からの移民だけを排除しようとしたものではなく、その本質は遺伝的に劣った「人種・民族」の移入阻止を目的とした優生思想である。

フランスの優生学運動

米国の優生学が主に採用した考え方は、遺伝的に望ましくない、あるいは不適格、と見なされた人々を排除する、という負の優生学だった。米国で負の優生学が主流となった理由は、恐らく米国では歴史的に、不利な性質を集団から排除して、劣化を止めるのが自然選択の主な役割だ、と考える傾向が強かったためであろう。ダヴェンポートもそうであったように、自然選択を支持する立場でさえ、大突然変異の役割を重視するなど、19世紀以来、進化の創造的な力を自然選択以外の作用に負わせる傾向があった。

想定している進化のモデルが異なれば、優生学が採用する方法は異なる。

例えばラマルクの母国であり、歴史的な経緯から、ラマルク流進化論が優勢だったフランスの優生学運動は、日々よく運動し、音楽や芸術に親しみ、子供たちに十分な教育を与え、生活環境を改善するよう奨励する、という穏健な活動が主流だった。また、ネオ・ラマルキズムの論客で、優生学者でもあったカンメラーは、強制不妊手術のような排除による方法を、非人道的、として強く批判していた。

しかし、ラマルク説の支持者が、社会階級や人間が持つ性質への偏見、民族・人種差別と無縁だったわけではない。例えばスペンサーは、社会の発展レベルを民族の先天的な精神的能力のレベルと同一視して優劣をつけた。偏見、差別を正当化するのに、進化を科学の名目で利用した点では同じである。ただ、彼らは自然選択やメンデル遺伝の支持者とは、違う考え方を利用していた。

ラマルク説では、成育環境とそれに対処する向上心や努力を進化の推進力とみるため、特に熱帯、温帯といった出身地の環境の違いが、差別の科学的な理由づけに使われた。

ネオ・ラマルキズムでは、異なる種へと枝分かれしつつ進化するのではなく、同じ種ないし属の中で直線的な発達ないし進歩的な進化が起きると考える傾向が強かった。そのため、個体が子から親へと成長するように、種や属を原始的なものから時の経過とともに発達する生物学的な実体と考える場合が多かった。この傾向は「人種」に特別な生物学上の地位を与え、原始的—進歩的という優劣をつけて序列化し、人種差別を正当づける根拠になった。「有色人種」や植民地の人々を、進化的に異質で、未発達、あるいは未熟な段階の劣った「種」と見なすのである。

米国ではこれにフランスのジョゼフ・アルテュール・ド・ゴビノーが提唱した差別的な偽史と人種論が結びついた。19世紀半ば、ゴビノーは、あらゆる点で白人がほかの人種に優り、すべての文明は白人が創始したものだと唱えた。また白人はすべての人類の祖として中央アジアとシベリアで誕生し、その後世界中に散った人類のなかから、黒人はアフリカで、黄色人種はアメリカ大陸で誕生したと主張した。現在アジアに住む黄色人種は、アメリカ大陸から北極伝いに渡ってきたのだという。また異なる民族が混血すると能力が劣化すると考えたゴビノーは、古代文明は混血によって衰退したと主張した。

この歴史観の背景にはノアの箱舟伝説と、ノアの子孫である人類は堕落に向かう、という信仰があるとされる。また伝説の洪水後に北極から中央アジアに超古代文明が築かれ、そこからエジプト、インドを始め世界中に文明が伝播した、という18世紀に創られた物語が基礎になっている。

ゴビノーは白人の中でもゲルマン人を最も優れた民族としたが、これが北欧系を「北方人種」と呼んで至高と見なす思想へと発展した。

こうした北欧系白人至上主義は、ネオ・ラマルキズムから派生した定向進化説と特に相性がよかった。

人種隔離政策と博物館の意外な関係

世界中の優生学者が集結する国際優生学会議は、全部で3回開催されたが、米国で開催された第2回（1921年）と第3回（1932年）会議は、意外な場所が会場になっている。米国自然史博物館で行われているのである。理由は博物館長の古生物学者オズボーンが、ダヴェンポートとともに米国の優生学運動の中核を担っていたからである。

オズボーンは1922年、米国優生学会を設立し、1918年、ダヴェンポートとともに前述の人類進化研究の協会を設立した一人であった。定向進化説を唱えていたオズボーンの目標は、「人種」の隔離であった。

オズボーンは著書にこう記している。

「ホモ・サピエンスは現在、三つ以上のまったく異なる系統に分類されている。これらは一般にコーカソイド、モンゴロイド、ネグロイドとして知られているもので、動物学では属とまではいかないが、それぞれが種のランクになる（中略）この三大人種を区別する精神的、知的、道徳的、肉体的特徴の違いは、非常に大きく、古い時代から存在している（中略）ヨーロッパ系の人間には、『北方人種』、『アルプス人種』、『地中海人種』の三つの系統がある。これらは非常に大きな特徴で区別できるので、鳥類や哺乳類で当てはめるなら、それぞれ種と呼ぶのが妥当であろう（中略）このような熱帯の環境条件のために、この人種に属する多くの種族では、脳の発達が止まった状態にある」

オズボーンは、生物も人間も宿命からは逃れられない、と考えていたというが、その一方で彼は、「この世で努力なしに得られるものはない」、を信条としていた。人類と霊長類の違いも、環境と努力の差であった。驚くべきことに、彼は人類がアフリカで霊長類と共通の祖先から進化したとは思っていなかった。中央アジアで人類によく似た祖先から、数百万年前、霊長類とは独立に進化した、と信じていたのだ。霊長類は熱帯アフリカの穏やかで恵まれた自然環境で生活していたのに対し、人類は北方ユーラシアの過酷な自然環境で暮らしていたため、生活の厳しさを努力で克服していくうちに、知性と機知に富む能力を獲得したのだ、と考えていた。オズボーンは、「北方人種」を最も優れた形質を持つ最も進歩した「人種」と見なしたが、それも寒冷な気候との闘いの結果だと解釈した。

こうした突飛かつ人種差別的な説を、オズボーンは古生物学を利用して裏づけようとした。証拠の一つは、20世紀初頭に英国で発見された、ピルトダウン人と呼ばれる化石人骨だった。オズボーンはそれを鮮新世の化石だと思い、現生人類の直接の祖先だと信じた。だがのちにこの化石は捏造と判明している。

人類の中央アジア起源説を立証するため、オズボーンは１９２２年から5度にわたりモンゴルへ探検隊を派遣し、人類化石を探索させた。探検隊は大量の恐竜化石を発見し、持ち帰ったが、目的の人類化石は得られなかった。

オズボーンの懸念は、人間の進化(進歩)を制御していた自然の法則が、文明の干渉によって乱されている、という点だった。移民によって「人種」が混ざり合うようになると、進化(進歩)の方向性が変わってしまう、「北方人種」の進歩した形質は、自然の進化プロセスが完全な形で作用していたときに形成されたので、それが乱されれば性質が劣化してしまう、と考えた。そこでオズボーンは「北方人種」以外の人種を米国から排除し、国外からの移入を阻止するよう訴えたのである。

オズボーンは、人種の隔離と「不適格」な人々の排除を実現するため、博物館や動物園の展示機能を活用して、わかりやすく優生学を説明し、その普及、啓発に努めた。例えば第3回国際優生学会議の折には、会場の米国自然史博物館に、優生学の意義を視覚的に理解させる展示をして、来館者にアピールした。来館者はホールの入り口で、まず哲学者プラトンに似せた風貌のダーウィンの半身像に出会い、そこからギリシャ神殿の彫像のように並ぶ著名な科学者の像を目にする仕掛けになっていた。一方で別の場所にはそれと対照的に醜く創られた民族の顔だけの像や、下層階級への偏見と合わせるように異形の人々の絵がグロテスクに並び、人間の優生学的な優劣をイメージとして来館者に植え付ける構成になっていた。

博物館には、「人間の時代」と題された常設展示があり、「北方人種」の歴史と優越性を訴えるパネルや、日本からの移民が増殖していずれハワイの人口の大半を占めるだろう、と警告するパネルが展示されていた。また、「人種」の進化的な優劣を示すため、アフリカから連れてきた人を動物園に非人道的なやり方で展示し、社会の注目を煽り、自殺に追い込んだこともあった。

生態系保全の第一人者が書いた優生学の〝バイブル〟

さて、オズボーンの盟友で法律家、動物学者、自然保護活動家でもあるマディソン・グラントは、米国の優生学運動を推進したもう一人の中心人物である。オズボーンとともに米国優生学会を設立し、人類進化研究の協会設立にも携わった。その一方でグラントは、米国の国立公園創設と希少野生動植物保護の推進者であり、野生動物管理と生態系保全の先駆者でもあった。

だが同時にグラントは、野生動物管理と生態系保全の原理と方法を人間にも適用した。生態系に働いていた自然の法則が人為的な攪乱によって乱されると、野生生物に絶滅が起きたり、劣化したりするように、人間もそれに作用していた自然の法則が人為的に乱されると劣化する、というのである。

グラントは、野生動物と同じく、人間も個体数（人口）の増えすぎを防ぐため、一定数の個体——特に脆弱な個体、好ましくない性質の個体を排除する必要があると主張した。また外来種が生態系に悪影響を与えている事例を人間社会に当てはめ、社会に悪影響を与える外来の「人種」を排除するべきだと訴えた。

グラントもオズボーンと同じく「北方人種」に最高の価値を置いた。そしてグラントは、アメリカ先住民ではなく「北方人種」を、ハクトウワシやセコイアと同じく、北米のかけがえのない価値を持つ保全対象だと考えた。在来種が外来種と交雑すると、純血性の価値が失われるだけでなく性質が劣化する場合があるように、「北方人種」が移民してきたほかの「人種」と混血すると、純血性が失われるだけでなく性質が劣化する、と主張した。

差別と偏見の正当化のために、ダヴェンポートが遺伝学を使い、オズボーンが古生物学を使ったように、グラントは生態学と保全生物学を使ったのである。

マディソン・グラント

グラントは１９１６年に出版した著書『The Passing of the Great Race』にこう記している。「自然の法則は、不適格者を抹殺するよう求めている。人間の命は、それが社会や民族に役立つ場合にのみ価値がある」。

このグラントの著書は、オズボーンが序文を寄せ、第26代大統領セオドア・ルーズベルトの推薦文が表紙を飾っている。この本を読んだ若き日のヒトラーは感激し、グラントに感謝の手紙を送った。ヒトラーはその本を「私のバイブルだ」と述べたという。

ダヴェンポートがオズボーン、グラントと協力して１９１８年に設立した人類進化研究の協会は、正式名称を「人類起源進化研究ゴルトン協会」（Galton Society for the Study of the Origin and Evolution of Man）という。略称でゴルトン協会と呼ばれていた。優生学の創始者ゴルトンにちなんで付けられた名称である。彼らもダーウィンから天啓を授けられたゴルトンの正統な後継者を自任していたのである。

優生学に否定的だったモーガン

米国で優生学への批判が増え始めるのは、１９２０年代以降のことである。遺伝学者のモーガンは、一貫して優生学に否定的だった。批判の要点は、ダヴェンポートら優生学者が主張する、性質と遺伝子の関係は、あまりにも単純すぎる、という点だった。モーガンは遺伝子間で複雑な相互作用があることを知っていた。一つの性質が複数の遺伝子で支配されたり、一つの遺伝子が複数の性質に関与しているのが普通で、環境による後天的な影響も大きく、優生学者が説くような人間の育種は不可能だと考えていた。

またモーガンは、優生学者が「不適格」と見なす性質（例えば心神耗弱）や、好ましいと見なす「知性」が表現型として定義できず、曖昧で多元的な点も批判し、たとえ遺伝的要因が人間の社会的、精神的状態に関係しているとしても、それに関係している社会的要素を探し出すほうがはるかに理にかなっているし、容易に問題点を改善できる、と指摘した。

遺伝学の知識はまだとても人間に応用できるような段階にはない、というのがモーガンの基本的な立場であり、ダヴェンポートらの粗雑な研究を信頼も期待もしていなかった。そもそもモーガンは応用研究や実用研究には関心が乏しく、それゆえ優生学自体に意義を認めていなかったのである。

１９２０年代半ばになると、それまで優生学を支持していた遺伝学者の中に、反旗を翻す者が現れた。レイモンド・パールやハーバート・ジェニングスは、ダヴェンポートが進める優生学の科学としての質の低さを強く批判した。研究計画や論理、統計手法の問題から、飛躍した結論まで、信頼できない点が多すぎると訴えた。

人類学者のボアズは、人間の精神活動や社会性まで、すべて生物学に還元しようとする優生学の考えは根拠がない、と批判した。人間の精神は生物学者が仮定するような合理的なものではなく、矛盾や曖昧さに満ちた混沌としたもので、それを生物学の理論だけで合理的に説明し、操作しようとするのは誤りだ、と主張したのである。

優生学者は自分たちの価値観で人間の優劣を決め、不適格と判断した者を排除しようとしており、その企ては社会を破壊するとして、ボアズはこう訴えた。

「労役からの解放や自己啓発という優生学の理想が力強く掲げられれば掲げられるほど、私たちはますます滅亡に近づくだろう。従って優生学に惑わされて、超人類を育てようとか、あらゆる苦痛をなくそうとか、そうした考えを持ってはならない」

さらにボアズは「北方人種」優越論を、「戯言《たわごと》」と断じ、「人種」という誤謬のうえに成り立つ危険で根拠のない偏見であるとして否定した。ドイツ生まれのユダヤ系だったボアズにとって、人種問題は科学の議論を超えていたのかもしれない。

だがこのような批判も、政財官学による難攻不落の砦《とりで》に陣取った優生学者の活動を鈍らせるには至らなかった。

経済歴史学者トマス・レナードは、米国の優生学の特徴を、科学の言説で正当化され、善意と社会的承認で隠された恐るべき野蛮さにあるとしている。その禍々《まがまが》しい活動が、国内外でロックフェラー、カーネギー、ハリマンといった大財閥から惜しみない支援を受け、新聞・雑誌など一流メディアや進歩主義者の著名人から支持され、有力な社会改革者や政治指導者から熱狂的に受け入れられるという、非の打ち所のない条件下で進められたというのである。

政治家やメディアや遺伝学者たちの多くが優生学と距離を取り始めたり、あわてて無関係を装い、人種差別批判を始めたのは１９３０年代になってから――それまで手を結んでいた相手の正体が悪魔だった、と気づいてからのことである。

「民族浄化の科学」

ドイツの優生学は19世紀末以来の歴史を持つが、本格的な活動が始まったのは１９１０年、ベルリンにドイツ民族衛生協会が設立されてからである。第一次世界大戦の期間を除き、米国とドイツの優生学者は緊密な協力関係を結んでいた。米国の先進的な優生学を導入したドイツでは、１９２０年代には優生思想が社会に根付いていたという。

特にドイツの優生学との結びつきが強く、大きな影響を与えたのが、ダヴェンポートとラフリンである。

ヒトラーが政権を奪取して６ヵ月後の１９３３年7月、ナチスは遺伝性疾患子孫予防法(強制不妊手術法、Gesetz zur Verhütung erbkranken Nachwuchses)を制定した。これは国民の遺伝的・進化的向上のため、先天性の疾患やアルコール依存症、精神的な疾患のあるドイツ国民に対し、強制不妊手術を行い、子孫を残せないようにするというものだった。

この法律を調べたラフリンは雑誌にこう記している。

「ドイツが新しい国家不妊手術法を制定する際に、米国の27州で実験的に制定された不妊手術法の立法と裁判の事例を利用したのは間違いないだろう。米国の優生学的不妊手術の歴史をよく知る者が、ドイツの法令の文章を読むと、ほとんど米国の模範的な不妊手術法のように見える」

それもそのはずで、起草者のカイザー・ヴィルヘルム研究所所長は、ラフリンが1922年に起草した強制不妊手術法案を手本にしたからである。またこの研究所は優生学研究のため、米国のロックフェラー財団から、数百万ドルの支援を受けていた。

ドイツでこの法律が施行されると、わずか1ヵ月のうちに5000以上の手術が行われた。この驚くべき効率と実行力に称賛と羨望の念を抱いた米国の優生学者たちは、「ドイツ人は、私たちが創ったゲームで私たちを負かしている」と残念がった。

ヒトラーの優生政策は米国中の優生学者たちに歓迎された。彼らが長年にわたり取り組んできた研究の成果が実現したと喜んだ。1934年に開催された米国公衆衛生学会では、ナチスの優生政策や研究成果を紹介する展示も行われた。一方、ナチスはその年、オズボーンをドイツに招き、優生学への貢献を称えて、ゲーテ大学名誉博士号を授与している。またラフリンに対しては、「民族浄化の科学」へ多大な功績を残したとして、1936年ハイデルベルク大学名誉学位を授与した。

1934年以来、3年間で約20万人を不妊化したナチスは、北欧系白人の純血を守るためと称し、1935年にニュルンベルク法と呼ばれる法律を制定、ユダヤ人と非ユダヤ系ドイツ人との結婚を禁止し、ユダヤ人の市民権を剥奪した。また国民に結婚の適性を確認する証明書の提出を義務づけた。一方で少子化を恐れていたナチスは、人口減の傾向を逆転させることを目指し、結婚して子供を産むことを、「民族的に適した人」の国民的義務として、できるだけ多くの子供を産むよう奨励した。

さらにナチスは恐るべき計画を企て始めた。安楽死による優生政策である。

だがこれも元はナチスの着想ではない。米国の優生学者や医師らが、障碍者らに対してたびたび必要性を訴え、実施を提案してきたものであった。米国では特に1929年から始まった大恐慌の時期に関心が高まり、メディアも盛んにトピックとして取り上げた。

例えばノーベル生理学・医学賞を受賞したアレクシス・カレルは、精神異常者や犯罪者を減らすため、危険性の高い人物は、「適切なガスを供給する小さな安楽死施設で人道的かつ経済的に処分する」と提案した。また米国精神医学会の会長でもあった精神科医フォスター・ケネディは、ニューヨーク州で自発的な積極的安楽死の合法化を求める活動を支援した。彼は精神医学会の年次総会ではこう説いている。

「安楽死が必要なのは、完全に絶望的な欠陥のある人たち、つまり自然の過ち（中略）彼らは生きる負担から解放されるべきだ。なぜなら生きる負担はいかなる善も生み出せないからだ。（中略）彼らにそうした生活を許すのは、単なる感傷で残酷でさえある。従って我々はとても親切に殺せるし、それに間違いはない」

１９３９年、ついに一線を越えたナチスは、先天的障碍を持つ子供の安楽死プログラムを実行した。優生政策をエスカレートさせるナチスは１９４０年、ブラントらが率いるT4作戦を開始した。身体的・精神的障碍者、ユダヤ人、能力低下と判断された犯罪者など、推定20万人が医師団の手でガス室や薬剤注射により殺害された。安楽死による優生政策の開始は、その後のホロコーストへの道を開いた。

１９３０年代後半、過激化する優生政策とユダヤ人迫害を前に、我に返った米国の優生学者はナチスと距離を取り始めた。ようやく彼らは自分たちが抱いていた夢が、狂気に満ちた悪夢だったと気づいたのである。

第十章　悪魔の目覚め

自己家畜化する人間

1870年代、まだ優生学という言葉を作る前、ゴルトンが人間の進化的改良のアイデアを示したとき、ダーウィンはやんわりと批判し、懸念を述べた。壮大ではあるが、実現不可能なユートピア計画、という印象を受けたらしい。現実問題として、誰が体力、道徳、知性の面で優れているのか、容易には決められないと指摘している。

とはいえゴルトンの『天才と遺伝』を称賛した経緯からも窺い知れるように、また『人間の由来』で説いているように、ダーウィンにとっては人間の知性も道徳も、人間が創り出す社会も、生物の様々な性質と同じく自然選択を主とする生物進化の産物だった。

そもそもダーウィンはかなり早い段階から――『種の起源』を出版する以前から、人間の様々な性質は自然選択で説明できると考えていた。『種の起源』には、あえてその部分を含めなかっただけである。

人間に作用する自然選択が、文化的な理由から、例えば何らかの価値観に基づいて、婚姻や協力などを介し人間自身が引き起こすものであった場合、それは自発的な人為選択、とも言える。ダーウィンは、人間の身体や行動などに、品種改良された犬や猫などの家畜と類似した性質があることから、人間は家畜の育種で選抜した友好的な行動と見かけを、人間自身に対しても選択し、進化させてきたと考えていた。つまり人間の進化は自己家畜化だ、というわけである。

社会ダーウィニズムという言葉があるが、もしダーウィンのオリジナルな思想をダーウィニズムと定義するなら、この語は重複表現である（章末註）。なぜならダーウィンの進化論と自然選択説は、もともと人間の知性や協力行動、道徳、そして社会の進化を、それ以外の進化と一体のものとして含んでいたからである。そこには部族のような人間集団を単位とした素朴な集団選択の考えも添えられていた。

人間社会に生物進化の考えを適用したのが、英国、米国、そしてナチスへと至るゴルトン流の優生学の系譜であるとするなら、当初から人間の進化を念頭に置いていたダーウィンの自然選択説そのものが、この系譜の発端だったと言えるだろう。

ところがダーウィンのオリジナルな進化論は、原理的に「人種」の存在も、その優劣も否定する。生物は常に変化し、分岐し、そして進歩を否定するからである。そもそもダーウィンは「種」を実在しない恣意的なカテゴリーだと考えていた。皮肉にも本来、人種差別を否定し、人々の優劣を否定する理論が、その逆の役目を果たしたわけである。

ダーウィンは進化論の着想を得る前から、奴隷制度廃止論者だった。ビーグル号航海記では、奴隷制度に激しい嫌悪感を示し、人種差別への違和感を吐露する場面がみられる。

だが、科学の理論や発見の意義と、それを生み出した科学者の価値観を結びつける試みは、物語としては魅力的だが、得るものは少ない。人の心は、科学の理論とは比較にならぬほど複雑で捉えどころがなく、矛盾に満ちているように思われるからである。つまり両者の関係を観察する側の価値観——偏見や先入観次第で、いかようにも解釈が成り立つ。

例えばダーウィンの別の側面を見れば別の理解も可能だ。ヴィクトリア期英国の中産階級の大半がそうであったように、ダーウィンが階級意識とアングロ・サクソン優位の偏見を抱いていた点は否定できないし、『人間の由来』から女性差別の視点を読み取るのも可能である。

偏見や差別の強化に科学を利用した科学者の場合もそれは同じで、動機の背後にある価値観の由来を推し量っても、あまり有益な知見は得られないだろう。

ダーウィンの理論を応用して、天才に至高の価値を置き、先天的な能力と道徳性で優劣をつけ、優れた者だけを選抜して人間全体を強化する思想を唱えたゴルトンだが、『天才と遺伝』に、こんな怨念じみた感想を述べている。

「少年と少年、男と男の間に違いを生み出す唯一の要因は、地道で道徳的な努力であるという、ときに明言され、しばしば仄めかされる仮説が、私には我慢ならなかった」

ゴルトンの思想は、神童だったはずの彼が、どんなに努力しても仲間たちについていけなかった学校生活、それから、どんなに勉学に励んでも秀でることがかなわなかったケンブリッジ時代の経験に由来する、と考える科学史家もいる。人の多面的な心の何を見るかで解釈は変わるのである。

危険な思想が出現した理由のすべてを、特定の時代の特異な個性に帰すのがよいとは思えない。それよりどの社会の誰の心にも、それを抱く素地がある、という認識を持ったほうがよいのではないか。その思想は不死身の生命体のように、はるか昔から雌伏していて、時を得るや人と社会を利用して姿を現し、猛威を振るい、やがていずこかへ姿を消して復活の時を待つ――そう考えるのが適切であろう。科学者が思想を生み出したというより、思想が科学者を宿主《しゅくしゅ》とし、科学を武器に利用したのである。

ギリシャ時代からあった優生思想

優生学の思想も、実はゴルトンが創始したものではない。ゴルトンは優生学（eugenics）という名称を、ギリシャ語の「生まれつきのよさ」を意味する言葉（eugene）から採ったが、自身の貢献を強調するためか、ギリシャ時代の話には、あまり言及していない。だが古代ギリシャにおいて、優生学は猛威を振るっていた。

紀元前4世紀、プラトンは健全な社会を築くために必要な優生政策を、「国家の洗浄」と

プラトン（左）とアリストテレス（右）

呼んだ。プラトンが『国家』で提言した政策の要点は、「不適格」な者の排除と「適格」な人間の繁殖であった。プラトンはそれを優れたイヌやウマを選抜する育種になぞらえた。繁殖に関するプラトンの提言は以下のようなものだ。

上流階級の市民のうち良質と評価された男女だけが結婚し、それ以外は繁殖を禁じる。質の低い者は下層階級に追放する。結婚は祭り期間の1ヵ月だけで、生まれた子供は母親から離し、公営の保育所で養育する。もし子供に欠陥があれば、適切に隔離する。優秀な若者は次の祭りにも参加して結婚できるが、国家が認めない組み合わせの男女による繁殖を禁止する。ただしこうした強制的な結婚管理が受け入れられない可能性を想定し、祭りの際、くじ引きに見せかけて、裏で男女の組み合わせを操作する手段を考えている。

アリストテレスはこのプラトンの提言に対し、保育所での養育の難しさなどを指摘し、批判している。ただしアリストテレスも優生政策自体には反対しておらず、エリートどうしの結婚を奨励して、集団の遺伝的性質の向上を目指す点は同じである。またアリストテレスは子供に対する負の優生学的対応に、より積極的である。

その後プラトンはこの優生政策の法制化を目指し、『法律』に草案を示した。

「羊飼いや馬の飼育者は（中略）不健康なものと悪い品種を追い出して、健康なものとよい品種を世話する。（中略）浄化を怠れば、ほかのすべての動物の純粋で健康な性質を破壊してしまう。だが、最も重要なのは人間についてである。立法者は調査を行い、適切な浄化やそれ以外の手続きを示すべきである」

プラトンによれば、男性は国家の利益になるよう適性を考えて、女性に求愛すべきだという。さすがにプラトンも1ヵ月限りの結婚は非現実的とみたようで、一夫一婦制の結婚を厳格な貞操観念を規定する法のもとに認めた。ただし結婚した夫婦の義務は、最高の子孫を残すことであり、それが果たせるよう国家委員会の監視下に置かれる。また結婚、出産等の公式記録をとり、保管する。

プラトンの提言は、ゴルトンの提言と根本はほぼ同じであった。

優生思想で滅びたスパルタ

驚くべき効率による人為選択で遺伝的な性質を向上させ、強力な市民と戦士を進化させる優生政策は、スパルタで実現していた。スパルタの貴族のうち弱い者、劣った者は、様々な手段で遺伝子プールから排除され、繁殖を禁じられた。

激しい肉体的闘争は、スパルタの若者の武勇と身体能力を評価するための手段であった。闘争の敗者は弱者と見なされ、劣等と判定された場合は、繁殖の権利を剝奪された。しかも劣等とされた若者だけでなく、その姉妹も同じく子供を持つことを禁止された。

その結果、スパルタは市民を最強の戦士に仕立て上げた。またスパルタは外国人との混血を嫌い、外国人は追放された。ただし、過度な選択のため人口減に悩まされ、人口を維持するために、独身に罰則を与えたほか、4人以上の子を持つと課税を免除した。

スパルタでは強化対象にならない下層階級（奴隷）の繁殖力と人口増加を恐れ、しばしば下層階級に対する無差別な大量虐殺が行われていたという。

しかし結局、人口減が著しく経済的にも衰退し、内紛や外国の侵略などのため崩壊した。

それから約400年後、ローマ時代のゲルマニアでも、戦士の強化を目的とした正の優生政策が行われた。身長が高く頑強な者だけに結婚を許し、一夫多妻制を設けた結果、強力な戦士社会を進化させるのに成功したのである。ただし、彼らは道徳的な面で問題があり、規律や精神力に難があったと伝えられている。

それ以降、本格的な優生政策は実施されなくなったが、散発的な活動や提言はその後も続き、優生学の思想は生き続けていた。息をひそめていた魔物を目覚めさせ、偏見と差別のエネルギーを与えて、地上に蘇らせたのは、堕落への恐怖を進歩で克服しようとしたゴルトンの正義感だったのであろう。当時の欧米社会を広く覆っていた社会不安、混乱、移民、世俗化の進行、国家や上位階級の没落への危機感など、魔物の復活や成長に適した条件はそろっていた。それに強力な武器を与えたのが科学だった。ダーウィンの進化論である。科学の真偽はそれほど問題ではなかった。科学的という呪文が力を与えたのである。ダーウィンの理論や仮説の信頼性やその限界が本当は何であるかは、どうでもよかった。ダーウィンや進化論という言葉の響きのほうが悪魔にとって、人々を支配するうえで重要だったのである。これが「ダーウィンの呪い」に備わる魔力である。

20世紀前半に猛威を振るった優生学が、確かに2000年の時を超えた魔物の再来であったことを、ピアソンは講演でこう仄めかしている。

「プラトンは、遺伝の厳しさを理解し、劣化した集団の増加が国家の危機だと認識し、立法者に国家の浄化を求めた」「プラトンは、現代の優生学運動の先駆者であると言えるのではないか」

ナチスの崩壊とともに魔物は去ったが、決して地上から消滅したわけではない。むしろ時が来ればいつでも復活すると考えたほうがよいだろう。

生き残ったソフトな優生学

1939年9月、ドイツ軍がポーランドに侵攻し、第二次世界大戦の火蓋が切られた直後、国際遺伝学会議の参加者の一部が、「遺伝学者声明」を発表した。ホールデン、J・ハクスリー、ドブジャンスキーら総合説の中核をなす進化学者や、ハーマン・J・マラーら著名な遺伝学者計23名は、連名でこう訴えたのである。

「世界の人間集団を遺伝的に最も効果的に改善するにはどうしたらよいか、という問いは(中略)生物学者が専門分野の原理を応用しようとするとき、避けては通れない問題である」

彼らは、この優生学的な目標に対して、人種的偏見と人種差別は害でしかなく、また社会階級の障壁を排し、社会の構成員全員に平等な機会が与えられなければならない、と主張した。そのほか、働く女性の支援と両親の育児負担の軽減、効果的な避妊手段の合法化と普及も、この目標の実現に必要であるとした。

ところが彼らは、こうも説いている。「現代の文明環境では、原始時代に比べて自然選択は起こりにくいため、何らかの自発的な選択の誘導が必要である」。

社会の構成員が意識すべき選択の方向性として、彼らが提案したのは、健康、知能、仲間意識と社会的行動を好む気質の遺伝的特性を改善することであった。そして彼らはこう予測する。

「健康、知能、気質に関して、集団の平均レベルを、（今の社会に）個人として存在する最高レベルまで引き上げることは、遺伝学的に考える限り、比較的少ない世代数で達成可能である、と理解できるようになるだろう。従って、誰もが『天才』を、自分の生まれながらの権利と見なすことができるようになるだろう。そして、進化の過程が示すように、これは最終段階ではなく、将来のさらなる進歩の前触れに過ぎないのである」

優生学者たちは、優生学を捨てたわけではなかった。ナチスを見て、あわてて悪魔に衣をかぶせて天使に仕立てただけである。

なおフィッシャーはこの声明には関わっていない。またこれ以降も、彼が優生学に言及することは一切なかったという。

1954年、ロンドン大学のペンローズは、大学の組織や出版物から「優生学」という言葉を削除させた。ようやく優生学が科学研究の対象として認めがたい存在であるという認識が広がってきたのであろう。

だが優生政策は世界の各地にしばらく残り続けた。

スカンジナビア諸国は、進歩的な福祉国家とされているが、1930年代、この改革を進めた社会民主主義政党が、弱視や精神遅滞と分類された何千もの人々に対する強制不妊手術を許可する法律も導入した。特にスウェーデンは、1934年から1975年までの間、6万人以上の人々を不妊化した。

日本でも1948年から1996年まで、母体保護と不良な子孫の出生を防止する目的で、強制不妊手術を含む優生保護法が制定され2万5000人を不妊化したとされる。前身は1940年に制定された国民優生法で、ナチスの遺伝性疾患子孫予防法をモデルにした法律とも言われる。これまで多くの調査研究が行われてきたものの未知な点が多く、ようやく2023年に調査報告書がまとまり国会に提出された。しかし他国の事例を踏まえると、日本でも実態が判明するまでまだかなりの時間を要すると思われる。

優生学的な思想を捨てきれない進化学者、遺伝学者も少なくなかった。1946年からユネスコの初代事務局長を務めたJ・ハクスリーは、1950年代、優生学を、人口爆発の抑制、避妊の普及、同性愛の非犯罪化、中絶法の改正など、様々な改革運動と結びつけた。「進化的ヒューマニズム」という言葉を使って、優生学に人道的かつ進歩的、というイメージをつけようと執念を燃やしていた。1962年には、『Nature』誌で「人類の進化と動植物の品種改良に関する知識に頼れば、人間の能力と遺伝的能力の一般的なレベルを著しく高められると確信する」と唱えるなど、人間の育種にこだわり続けた。

ドブジャンスキーとマラーの対立

ノーベル賞を受賞した遺伝学者で、「遺伝学者声明」を取り纏《まと》めたマラーは、1950〜60年代に、「子供たちが先天的に備える装備は、その子たちの幸福に大きく影響する」と説き、素晴らしい新世界のための優生政策を訴えた。科学者など著名人の「優秀な」精子を精子バンクに保管し、それを使った人工授精で万能の「遺伝的エリート」集団を創出するよう提案したのである。

ハーマン・J・マラー

これを痛烈に批判したのは、やはり「遺伝学者声明」の一員、ドブジャンスキーだった。マラーの提案を、虚構、と否定したうえで、そんな人為的に選抜された遺伝的に均一な集団よりも、遺伝的に多様な集団、つまり様々な対立遺伝子と、豊富な「多型」を含む集団のほうが、進化的には好ましい、と主張したのである。

ドブジャンスキーが特に重視していたのは、ヘテロ接合体のほうがホモ接合体より適応度が高くなる超顕（超優）性（第一章参照）だった。超顕性があれば、ホモ接合体では適応度が低い対立遺伝子でも、ヘテロ接合体ならば適応度が逆に高くなる。人間も含めた動物集団では超顕性が一般的と考えていたドブジャンスキーは、人為選択で理想的な人間を進化させようとすれば、遺伝的変異が失われてヘテロ接合度が下がり、逆に自滅する、と警告した。

しかしマラーは、ドブジャンスキーとその支持者の考えを、科学的に支持されない「カルト」だと断じて、猛然と反論した。昔ながらの生殖のタブーと現状を守っても、それは平凡さと想像力の欠如の優位を示すものでしかない。完璧な人間を進化させるのが可能なのに、優生政策の導入に失敗すれば平凡に甘んじることになる、と強調した。

一方、ドブジャンスキーは、同じ遺伝子型でも環境により適応度が変化することや、同じ対立遺伝子が複数の違う性質に関与していることを挙げ、万能で完璧なエリートの遺伝子型など幻想だと主張した。また、人類の進化は純粋な生物学的プロセスだけでは説明できず、生物学と文化の相互作用として理解すべきだ、と説いた。そして必要なのは、遺伝的に完璧な人間を選抜することなどではなく、社会階層の固定化を防ぎ、機会均等を守り、多様性を高めることだ、と訴えたのである。

だがこの論争を見て、ドブジャンスキーが優生学自体を批判した、あるいは優生学を捨てた、と考えるのは早計である。成育環境による後天的な影響の大きさに注意が必要、と常に慎重さを心がけていたドブジャンスキーだが、ほぼすべての人間の特性、能力、行動はある程度遺伝的に決定されている、と考えていたし、人間の進化を制御しようとしていた点ではマラーと同じであった。支持する進化仮説が違っていただけである。

ステルス化する優生学

ともにモーガンの弟子で、20世紀を代表する偉大な遺伝学者であり、ショウジョウバエの実験家であり、種分化のドブジャンスキー－マラー・モデル提唱者でもある二人の間で闘わされたこの論争は、1950年代、遺伝的変異の排除と維持に対する自然選択の効果をめぐって始まったものだった。集団の遺伝的変異は自然選択で通常除去され、最適なホモ接合の遺伝子型に収束するのか、それともヘテロ接合が有利な超顕性があるため、変異は自然選択で維持されるのか、という問いである。その戦線が拡大し、エスカレートし、泥沼化したのは、優生学とそれに関係したもう一つの問題に、論争が波及したためだった。

当時大規模に行われていた核実験の影響を憂慮したマラーは、ショウジョウバエのX線誘発突然変異の研究成果に基づいて、核実験が有害な遺伝的変異を増加させ、いずれ人類は危機的な状況に陥るだろう、と警告した。これが人工授精による「遺伝的エリート」集団創出というマラーの提案の動機でもある。これに対し1959年、驚くべきことにドブジャンスキーは、学生と行ったショウジョウバエの突然変異誘発実験で得た結果から、突然変異率の増加は超顕性を示すヘテロ接合の増加を生じて、逆に適応度を向上させる、と主張した。従って染色体損傷を伴わない限り、放射線による突然変異は必ずしも危険ではないというのである。

衝撃を受けるとともに実験結果の不備を疑ったマラーは検証実験を行い、それとまったく逆の結果を導いた。勝ち誇ったマラーは、こう挑発している。

「古代の神秘的な教義に立ち戻った遺伝学者ドブジャンスキーとその一派は、大転落のときを迎えようとしている。本当はもうそうなっているのだが、そのシグナルはまだ彼らの神経系には到達していないらしい。最近、彼らが自らの誤謬を世間に知らせようと大々的に宣伝したが、これは彼らの破局を世間の見世物にするには最高のタイミングであった。今彼らの仲間になろうとするのはやめたほうがよい」

劣勢に立たされたドブジャンスキーは、安易な優生政策を進める前に、まだ多くの点が未知な人類遺伝学の研究にもっと集中すべきだ、と正論を述べたが、これもマラーの政策への牽制に過ぎず、優生政策を進めること自体に反対していたわけではない。

1960年代、ドブジャンスキーはショウジョウバエの実験系を使って、人間社会の階級を模した、ハエの「社会階級」をつくった。行動上の特性から少数の能力的に特に優れた個体と多数の劣った個体を区別し、それをもとに「貴族」、「平民」と名付けたグループを作った。これを使って進化実験を行ったのである。彼は毎世代「平民」のうち、能力ランクの最上位から順に一定数の個体を「貴族」に昇格させ、「貴族」のうち能力ランクの最下位から順に一定数の個体を「平民」に追放し、能力がそれぞれの階級でどう進化するかを調べた。その結果、階級間の移動のため、「貴族」のみならず「平民」も、集団の平均能力が向上した。この結果から、ドブジャンスキーは、社会階級間の移動が遺伝的性質の進化的向上に重要だと説いた。また「平民」には、交雑による遺伝的な組み合わせ次第で、非常に高い能力を発揮する遺伝的変異が、潜在的に存在していると述べた。

そこでドブジャンスキーは、この結果を自分の優生政策の裏付けに使った。階級間の移動で社会階級の固定を防ぎ、教育の機会均等を進める政策が、集団の平均的性質の進化的向上を促し、遺伝的な潜在能力を発揮させるのに必要だと唱えたのである。緻密な論理と膨大な観察事実から鮮やかに種分化のプロセスを説明した人物と同一とは思えぬ、粗雑で飛躍した論理だったが、米国優生学会が１９６０年代に提唱した優生政策には、ドブジャンスキーの提言が強く反映されている。

１９６２年に刊行した著書でドブジャンスキーは、こう述べている。

「優生学は（中略）もっと器用でなければならない。すべての人を同一化して、ある一つの最適な遺伝子型を持つようにするのではなく、適合者の頻度を最大化し、不適合者の頻度を最小にするような、人類の遺伝子プールを設計しなければならない」
また１９６７年、『Science』誌に発表した論文では、「自然選択は現代の人類にも作用しているが、その作用を人為選択で補わねばならない。人間の進化をどう制御するかという問題は、生物学的であると同時に社会学的でもある。優生学プログラムの成否は、人間の成長と自己実現に有利な条件を作り出せるかどうかにかかっている。（中略）人間は、進化の歴史も含めて、自分の歴史の作り手であるべきだ」、と記している。

結局のところドブジャンスキーも遺伝的能力主義である点に変わりはない。適応地形には異なるニッチに対応するいくつもの峰があり、峰の頂上に達するには、集団に高い遺伝的変異と移住や交雑が必要だという進化モデルを、人間社会に応用しているのである。ドブジャンスキーの考えに従うなら、期待できる未来は、それぞれの峰の頂上に到達した遺伝的エリート、例えば音楽家、芸術家、事業家、政治家、スポーツ選手といったニッチを、それぞれ先天的に最適化されたエリートが占めるカースト社会であろう。

人種差別に反対し、平等を唱えたドブジャンスキーだが、その目的は人間集団の育種と優生学であった。多様性、自由、平等、人権――ドブジャンスキーは、新しく到来した時代の社会を支配する価値観に、自身の進化仮説を重ね合わせて、優生学の推進力に利用しようとしたのかもしれない。

1970年代以降、優生学という言葉を進化学者や遺伝学者は避けるようになった。しかし消え去ったわけではない。見えなくなっただけである。新しい遺伝学と進化学の発展にまぎれて身を潜め、社会に溶け込んだのである。米国優生学会は1972年、名称を「社会生物学会」に変更した。その三年後、エドワード・O・ウィルソンは、大著『社会生物学』の最終章で、ハミルトンの血縁選択やトリヴァースの互恵的利他など生物の社会性と行動の進化を人間にあてはめた。これを機に燃え上がった苛烈な批判と大論争は、潜伏する優生学への危惧をひとつの燃料としていた。次の著書『人間の本性について』でウィルソンは、人類が遺伝について膨大な知識を得た将来、民主的に設計された優生学を導入できるかもしれない、と説いている。なお『社会生物学』で試みた道徳と生物学の統合というウィルソンの挑戦は、後のハイトによる道徳の進化的起源の主張に結びつき、その流れは現在の進化心理学に受け継がれている。

（章末註）社会ダーウィニズムの語は19世紀後半には既に使われていたが、現在の意味で広く使われるようになったのは、主に20世紀半ば以降である。また定義も非常に曖昧で、本来ダーウィニズム（これ自体曖昧な用語である）と関係の薄いスペンサー進化論がその代表とされたり、相互扶助を訴えるクロポトキンの進化論を含む場合があるなど、誤解を招くのであまり好ましい用語であるとは思えない。

第十一章　自由と正義のパラドクス

優生学の思想性

優生学とその基礎になった進化学が成長し、ナチスの優生学へと至るストーリーは、科学に基づく社会運動から純粋な悪への滑落が、どのように起こりうるかを示している。惨劇の再発を防ぐために重要なのは、滑落を導いた個人の非難や否定よりも、その過程の分析である。優生学運動に従事した人々の大半は、それがナチスの罪過につながる坂道とは知らずに、その時代、その社会、その階級の価値観に従い、正義と善意に導かれて行動しただけであろう。そもそも私やあなたが、今まさに新しい悪魔をそれと気づかず育てているかもしれないのだ。

ナチスや米国の国粋主義者の印象が強いため、優生学運動は全体主義、あるいは政治的に右派、ないし保守派の活動と考えるのが一般的である。だがそれは適切ではない。右も左も関係がない、というのが恐らく正しい。

歴史家リンゼイ・ファラルは、英国の20世紀初めの優生学運動が、メンバーの思想的、社会的位置づけから見て、第二次世界大戦後、左派が進めた核軍縮運動と共通点が多かったと指摘している。どちらの活動メンバーも、中産階級の専門職、活動家、文化人を中心とする急進主義者で、主に道徳的な社会改革を目指す点など、非常に似ていたという。また科学的な根拠や知見を利用して、道徳的主張を行う点も同じだったという。

優生教育学会の中核をなす評議員メンバーの職業をみると、研究者や大学教授が多く、ほかに医師、福祉関係者、政治家、作家・芸術家、メディア関係者が大勢を占めている。著名な慈善活動家も含まれており、その一人、イザベラ・サマセットは、禁酒運動と婦人参政権運動で大きな業績を残している。また精神疾患の治療と教育事業に力を尽くしたエレン・ピンセントも、熱心に活動を進めたメンバーであった。

医学史家のポーリン・マジュムダールによると、優生教育学会はほかの慈善事業やアルコール依存症、道徳教育に関わる多くの協会と密接なつながりがあり、社会問題に関心のある活動家が属する組織のネットワークの一つであった。彼らの共通点は「インテリ層」を自任し、貧困の抑制と、彼らが「残滓《ざんし》」と呼ぶ階級の管理を目指していた点だという。またそれは19世紀半ば以来の、社会改革の中心課題でもあった。

優生学運動を推進していた人々の大半は、自分たちの社会の理想や表現の自由、民主的プロセスへの参加という意識を強く持ち、リベラルで進歩的で、科学への関心が高く、道徳意識の強い人々である。優生学の拡張された功利主義――最大期間にわたる幸福量の最大化は、未来世代に対して現世代は責任を負うという意識とも重なっている。こうした意識を持つ人々は、現代なら言論の自由を重視し、環境問題や差別の撤廃への関心が強い層に該当するだろう。恐らくダーウィンという言葉が気になるような人々だ。つまり本書の著者や、本書の読者層のかなりの部分にも該当する。

なぜ自由を求め、自由を主張する人々が優生学の統制を実現させるのか。なぜ反差別主義者が差別主義の優生学運動を推進するのか。なぜ道徳的であろうとして、反道徳的な優生政策を求めるのか。実際、強制不妊手術の過半数は女性に対して行われ、特に弱者の女性が最も被害を受けた。にもかかわらず、生殖機能に焦点を当てた優生学はフェミニズムを惹きつけた。例えば米国のマーガレット・サンガーと英国のマリー・ストープスは、いずれも主導的なフェミニストであるとともに、主導的な優生学活動家であった。貧困層や労働者階級の女性たちを、望まない出産の恐怖から解放した一方、サンガーもストープスも、「不適格者」の繁殖を制限するのが優先課題だと考え、不妊手術を提唱していた。

理由は恐らく単純ではない。ただ、ときとして真っすぐな善は凶器になる。「生まれてきたせいで苦しい思いをする人々を減らしたい」、というやさしさや、「民族の母」としての正義、権利・地位獲得の使命が、科学的合理性に支配されれば、拡張された功利主義と優生学活動に導かれるのも不思議ではない。彼らが科学の説明を信頼していたからかもしれないし、彼らも自らの目標の実現に利用したのかもしれない。

弱者の自己決定権への配慮がまだ乏しかったという事情もあるが、いずれにしても、彼らの正義は彼らの視界の内側だけの正義だった。彼らが守るべき自由や平等は、視界の外に存在しなかった。だが、実は彼ら自身も、しばしばその視界の外側にいたのである。

ただし当時のフェミニストや慈善活動家の中にも優生学の欺瞞を見抜き、許容できない思想として批判する人々がいた。だから英国の優生学支持者が抱いた危機感や正義感は、社会全体に共有されたものではなく、科学的客観性の衣で隠された、中産階級の偏見と差別意識にすぎない。また国によっても要因は違う。

米国では、反ユダヤ主義者で優生学を支持し、ナチスから表彰された自動車王ヘンリー・フォードを始め、夢と自由の国を象徴する企業家、富豪、財団、政治家と科学権力者が一体になり、莫大な資金と権力で優生学を推進した（章末註）。社会に認められたエリートと富裕層が、倫理的、制度的な壁を次々と外し、ディストピアへの道を開いたのである。

理由が何であれ、これだけははっきりしている。自由と正義に反する非人道的かつ差別的、強権的な制度は、強権国家でなくても、自由と平等を重んじる人々の手で、正義の名のもとに、民主的に実現しうるのである。ただし、それにストップをかけられるのも、やはり自由と平等、人権の尊重、そして誤りを認め、修正を厭わぬ意志であった。

優生学の問題をナチスの疑似科学、つまり凶人たちが取り憑かれた科学ではない何かのせい、とレッテルを張って切り捨てれば心は休まる。だがそうした単純化は問題の本質を隠し、今の私たちは無関係、という意識を生み、将来に禍根を残す。このレッテルの半分は、逃げを図った当時の遺伝学者と進化学者のキャンペーンとみるべきであろう。そもそも優生学の裏付けとしてヒトラーが信奉した進化説は、偉大な統計学者で生物測定学派の首領ピアソンの進化説と大差がない。実際ピアソンは、自分とゴルトンの夢を実現してくれるのはヒトラーだろうと考え、「最高の時は将来、恐らくヒトラー総統と、彼のドイツ国民再生計画によって実現する」と公言していた。それに疑似科学度なら、古生物学の権威にして米国科学振興協会会長オズボーンの進化論のほうがレベルも純度もはるかに高い。

遠い過去の科学を現代の基準で疑似科学かどうか判定しても有意義とは言えない。20世紀初頭の段階では、優生学の多くが素晴らしい新世界をつくる最先端科学と受け取られ、英国の中産階級や米国の政財官学の強い支持を受けていたこと、そして優生学者の多くが、主要な進化学者と同一だったことを忘れてはならない。優生学との関わりのなかで生まれた知識や技術は、現代の進化学、遺伝学、統計学の基礎にもなっているのだ。過去の優生学を科学とみたうえで、その何が誤りで問題だったかを整理する必要がある。

目的はどこにあるのか

優生学の誤りは、まず倫理上の問題である。行きすぎた功利主義が人権と自由を奪う点である。これはジョサイア4世の批判に集約されている。集団の利益のために、個人の基本的な自由と幸福を不可逆的に奪うことが正当化されてはならない。次に、科学上の誤り。動機付けられた推論——偏見に基づく信念に影響された科学的推論が行われた点である。加えてモーガンやベイトソンが批判したように、過度に単純化した理論と定量化が、複雑な社会の操作に利用された。本来、定量化するにはあまりに複雑多様な人間の性質を、単純化して数値化し、序列をつけ、わかりやすく簡略化した生物学の説明で、偏見や差別を正当化し、人々に信じさせたのだ。しかもその定量化は、多くの場合、先入観とよく合うデータが得られるよう設計されたものであり、原因と結果の因果関係が不明な相関関係に過ぎぬものが、正当化の根拠に使われた。

だが、最も大きな問題は、目的にある。人間集団の進化的改良という目的自体が不適切なのである。人間は進化の産物である、という事実から導かれたこの目的のために、達成目標とすべき人類共通の「善」や「道徳」「優良」は、生物学の「適・不適」で決められることになる。

国民であれ民族であれ、進むべき集団の進化の方向を生物学的に決めれば、必然的に個体は生得的と見なされた性質で優劣が付き、何らかの尺度で序列化する。集団が目指す方向（善）とずれた生得的性質は差別され、不要とされ、有害とされ、学習による向上と修正の努力は否定される。これを生物学的な事実から「そうあるべきだ」と規範化する結果、存在と出生の否定が正当化される。人間が持つ性質の何が正常で、何が優れ、何が異常で何が劣るかは、価値観の問題でしかないにもかかわらず、である。

多くの哲学者、倫理学者が指摘するように、障碍、健康、正常の客観的、あるいは普遍的な定義はない。多数派が設計し構築する世界が少数派に不利な特徴を持っているだけである。もちろん不利のレベルにも差があり、単純化はできない。しかし障碍が価値を奪うものとは言えないし、逆に何かの価値を生み出す場合もある。障碍の不利を克服し、逆にメリットに変えている人々の場合は、医学的な定義はともかく、障碍と個性を区別するのは難しい。また、米国の着床前遺伝子診断を利用したケースでは、聴覚障碍などの特定の疾患や障碍を持つ胚の選択を希望するカップルがおり、約3%の医院が実際にそれを提供したと報告している。

人間的に完全とは何か、個人をより人間らしくするものとは何か、という問いには無数の答えがあるのだ。

優生学者は、過去に自然選択で人間集団から「除去」されていた「不適」な遺伝子が、医学の発展や文化の変容のため、集団から除かれなくなったのを懸念し、人為選択で対処しようとした。だが、もし今まで「不適」で「除去」されていたものが、そうでなくなったのなら、それは喜ぶべき話のはずである。彼らの倒錯した懸念は、昔は不幸だったが、今は不幸が軽減された性質を持つ者に対する差別意識と嫌悪感の反映に過ぎない。

結局、「適」と「不適」は、権力者や意思決定に関わる者の偏見や差別や利害関係による選別でしかない。この目的ゆえに19世紀以降の優生学は、社会的な格差・分断による社会問題を、偏見・差別を動機に効率的かつ安易に解決したいという野心を実現する手段となった。この目的のため、生物進化と定量的な説明を使って偏見・差別に真理の仮装を施し、社会に強制し、人々を操り、これで人々を悩ませてきた問題が解決できると信じさせた。これこそが惨劇を招く元凶となった誤りである。

実はこの目的にはさらに根本的な部分で誤りがある。それが何かは、後の章で改めて述べるとしよう。なんにせよ、採用する理論が科学的に支持できるものかどうか、科学か疑似科学かは、目的が孕む危険の深刻さに比べれば大きな問題ではない。背景にある進化学や遺伝学の理論が、より真理に近いものであれば許される、あるいは人道的な問題を引き起こすリスクは少ない、などと考えるべきではない。

平和の祭典と優生学

優生学運動には、ナチスに至る英米の優生学とは独立に生まれた別系統の運動が存在する。こちらは手法が健康的なせいか、今ではほぼ忘れ去られた。だがこちらも民族の進化的改良を目的としていた点で変わりはない。ナチスの優生学が厳しく糾弾され、断罪されたのと対照的に、こちらはその遺産が「平和の祭典」として称え続けられているのは皮肉である。

かつてオリンピックには、芸術競技部門があった。以下は1912年、ストックホルム五輪で金メダルを獲得した詩の一部である。

「スポーツよ。神々の喜び、生命の本質。あなたは、現代人の苦しみ悶《もだ》える灰色の荒野に突如現れた。まだ人類が微笑んでいた過去の輝かしい使者のように……」「スポーツよ、あなたは美だ！　人間の身体という構築物は、下劣な情熱によって汚されるか、健康的な運動によって改善されるか次第で、卑しくも崇高にもなり得る」「スポーツよ。あなたは豊穣《じょう》だ。あなたは種族の完成に向け、直に高貴に努力し、不健康な種子を破壊し、その純粋さを脅かす傷を癒す。そして、あなたはアスリートを希望で満たす。彼の息子たちが俊敏に、強く成長し、競技場で彼の代わりに、順に輝かしいトロフィーを持ち帰るのを見たいという希望で」「スポーツよ、あなたは進歩だ。あなたに仕えるには、人は肉体的にも精神的にも向上しなければならない……」「スポーツよ、あなたは平和だ。スポーツは、人々の幸福な関係を進め（中略）、人々を一つにする」。

詩の作者は近代オリンピックの父、ピエール・ド・クーベルタンである。詩には現在まで生き続ける五輪の崇高な理念が謳われている。だが、その合間に違和感のあるフレーズが挟み込まれている。「過去の輝かしい使者」「あなたは豊穣（繁殖力）だ」「種族の完成」「不健康な種子を破壊し」「彼の息子たち」「彼の代わりに」「あなたは進歩だ」等々。

その意味は、クーベルタンがなぜ近代オリンピック創設に情熱を傾けたのか、その理由を知ると明らかになるだろう。近代オリンピックの成立には、古代ギリシャにルーツを持つすべての文明民族のための祭典を開くというギリシャの民族主義や、当時の国際情勢など多くの要因が関わっており、クーベルタンの貢献はその一つでしかないが、オリンピック理念の構築に最も強く関与したのはクーベルタンである。

ピエール・ド・クーベルタン

もともと17世紀頃から英国を中心に、オリンピックゲームと呼ばれる小規模なスポーツの国際大会が開かれていた。またすでにギリシャでも古代競技の復活が何度も企画されていた。それをなぜフランス人のクーベルタンが、大掛かりな近代オリンピック大会として実現しようと考えたのか。

契機は1871年に終結した普仏戦争である。プロシアに敗れたフランスは、国家的な衰退と堕落の危機感に包まれた。病弱な兵士、出生率の低下、アルコール依存症者の増加など社会的問題が顕著であった。これにダーウィンの進化論が結びついた。医師を中心に、フランス人の進化的な劣化が起きている、と考えた人々が現れたのである。そこでフランス人の進化的向上を図る優生学運動が開始された。だが彼らが利用した理論は、ネオ・ラマルキズム――主としてスペンサー進化論であった。

ラマルク的進化を実現する優生政策が、スポーツ振興だった。ラマルク説に従えば、スポーツで獲得された体力と精神力は、次世代に遺伝し、先天的な性質として定着するからである。国家の強さは国民の体力に等しい、として、この政策は政治家から強い支持を受けた。スポーツは国民の義務として奨励され、学校教育では体育が正式に導入された。

歴史家の研究によれば、こうした風潮の中で、スペンサーの影響を強く受けたクーベルタンは、ラマルク進化を利用した優生学に則り、フランス国民の肉体のみならず精神力と道徳心を、スポーツで改善しようとしたのだという。

フランス人男性を遺伝的に強化し、「筋肉共和国」を実現しようと考えたクーベルタンは、英国のパブリックスクールに注目し、ラグビーを輸入した。その結果、多数のクラブチームが誕生し、対抗戦が始まった。またクーベルタンの提唱によりスポーツアスレティック協会（Union des Sociétés Françaises de Sports Athlétiques）が設立された。

１８９２年、スポーツアスレティック協会の会合で、クーベルタンは近代オリンピック開催を提案する。フランス国民の資質を進化的、遺伝的に向上させるために、スポーツ先進国の競技を知り、世界のアスリート（ただし欧米の白人）を集めてフランス人と戦わせようと考えたのである。世界の一流アスリートとの競争や、彼らに勝つための努力は、精神的、肉体的な資質を向上させ、次世代のフランス人アスリートの先天的能力を強化する。また競技を見たフランス人のスポーツ意欲を高め、その結果獲得された体力と精神力が遺伝して、国民全体の能力が向上するだろう。

クーベルタンの奔走が実を結び、１８９４年パリで開催された各国アマチュアスポーツの代表者会合を機に、オリンピック開催が承認された。しかしフランス開催を願うクーベルタンの意に反し、アテネでの開催が決まってしまった。そして１８９６年、第１回大会がアテネで行われた。ギリシャはアテネ恒久開催を主張したため、その計画を葬るためにクーベルタンは、公平性と国際性をアピールし、世界の各都市持ち回り開催の提案をしたとされる。結局、１９００年の第２回大会はクーベルタンの意向通り、フランスで開催された。

クーベルタンがオリンピックに参加する「国家」として想定していたのは、政治的な国家ではなく、自発的な一体感で結ばれた共同体であったという。スペンサーが唱えた、有機体として機能する共同体である。クーベルタンは互いを高める平和な闘争として、共同体どうしの戦いもイメージしていたとされる。

人類とその共同体がともに競い合い、高め合いつつ、平和的な共存を果たす博愛主義がクーベルタンの理念だった。ただし、クーベルタンの考えでは、この理念が適用されるのは、心身ともに一定レベル以上の進化段階に達した、エリートの民族だけであった。「原始的」な進化段階にあるとされた民族は、競技会に参加する資格がなかったのである。

崇高な理念とおぞましい差別

1904年のセントルイス大会では、万国博覧会がオリンピックと一体的に開催され、万博では、世界の先住民の劣等さを示すための、「裏オリンピック」が行われた。さすがのクーベルタンも非道な茶番と断じる代物だったが、そもそも万博自体が差別の見本市だった。この凄まじい人種差別の中、日本は1912年の大会から参加したが、その実態は別として差別を克服しようとした執念と努力は称賛に値する。ただし、欧米の差別思想や「呪い」の思想まで輸入して内面化し、ほかに向けたのは実に愚かで残念な仕儀であった。

なおクーベルタン発案とされる現在の五輪旗が登場するのは１９１４年だが、リングのデザインは、スポーツアスレティック協会の二つのリングをあしらったロゴ・デザインに由来するという説が有力だ。またリングの数は大陸の数を表すが、リングの色は、元来大陸の色を表すものではなく、日本を含む当時の参加国の国旗に含まれる色を、地の白と合わせて示したものである。

いまや世界中の国々のアスリートが参加する祭典として、人気を集め、公平で素晴らしいパフォーマンスが多くの感動を人々に与えるオリンピックだが、クーベルタンがそれを創始した目的は優生学であった。前述の詩に現れた不可解なフレーズは、ネオ・ラマルキズムの進化思想の発露だと考えれば、理解できる。詩の冒頭は、クーベルタンがゴルトンと同じく、堕落への恐怖と進歩への渇望――「進化の呪い」に囚われていたことを暗示している。科学仮説の真理への近さと、それを採用する優生学が社会にもたらす実害のレベルとは、ほぼ無関係なのである。

１９３６年、ナチス政権下のベルリンで開催されたオリンピックで、初めて聖火リレーが行われた。アテネで採火された炎は３０００キロの道のりを経てベルリンに届けられた。古代ギリシャの恐るべき思想を再現しようとしたナチスが開いたオリンピックで、このセレモニーが始まったのは偶然とはいえ、象徴的であった。

しかしそれが優生学の遺産であるとしても、優生学と無縁な現代のオリンピックは、世界中の人々に受け入れられ、恩恵をもたらしている以上、過去の優生学とは切り離して扱うべきだし、オリンピックを否定するのは不適切な考え——発生論の誤謬である。

それと同じく、現代の進化学の発展を否定するのは誤りである。少なくとも一般的な立場では、進化の事実に善悪はない。進化を否定すれば、つまり影も光もまとめて歴史を否定して19世紀に戻れば、再び同じ歴史が繰り返され、惨劇が繰り返されるだけである。ただその代わり、進化学を追究する者、語る者は、その影とリスクを忘るべからざる重荷として背負い続ける責務を負っている。

負の歴史は取り返しのつかぬ誤りを記録するが、同時にそれは得難い洞察を得られる実験結果でもある。遺伝的に人類を序列化し、改良しようとすれば、どんな事態に至る可能性があるかを推測できるのである。

優生学の闇を育てた背景は、欧米の格差・分断社会だった。その歴史に基づけば、社会的な格差や分断をつくり出そうと企てる者の存在は、優生学やそうした闇科学を呼び寄せる高リスク要因である。全体主義の危険さは言うまでもない。政財官と融合した批判が無効な科学権力者の出現も脅威になる。光だけに誘われて、他国の学術政策の安易な模倣に走るのも危険が伴う。政策の誤りを社会が検知し、修正できる仕組みが重要だ。加えて直接の原因となった科学と社会と価値観の関係を理解しておけば、進路の修正と危険の回避に役立つはずである。ただ残念なことに、私たちは負の歴史に目を閉ざしてしまいがちだ。その結果、意図せず忘れられた過去を招き寄せるかもしれない。

ゴルトン、ピアソン、フィッシャーらが危惧し、優生学の発端になった社会階級と出生率の逆相関など、現代人とは無縁な話だと思うかもしれない。

意外にも社会階級を教育水準に置き換えただけの研究なら、今も様々な地域集団で進められ、しかもよく似た逆相関が報告されている。加えてゲノム解析から、教育達成度の分散の40％は、多遺伝子による遺伝要素（遺伝分散）が占めるとされる。またこの要素は認知能力にも関わるという。実はこの遺伝要素が寄与する教育達成度指標が高いほど出生率が低いという結果を示した論文があるのだ。この効果は女性でより強いという。

２０１７年、米国科学アカデミー紀要に掲載されたこの論文では、10万人のアイスランド人で遺伝的要素が寄与する教育達成度指標を調べた結果、その平均値が年々下がっていると指摘している。論文の末尾はこう締めくくられている。

「進化の時間からみれば、これは一瞬だ。しかし、この傾向が何世紀にもわたって続けば、その影響は甚大なものとなるであろう」

この話を聞いて人類の未来をうっかり危惧してしまった人は要注意である。

悪魔はいつでも私たちの身近なところで、復活のときを待っているのである。

（章末註）人種差別主義者で優生学を強力に支持した政治家のひとりが第26代大統領セオドア・ルーズヴェルトである。ダヴェンポートにあてた手紙にルーズヴェルトはこう記している。「社会が堕落した者に同類の繁殖を許す余地はない。成功した農家なら誰もが自分の家畜の育種に使う初歩的な知識を、人間に使おうとしないのは実に異常なことだ。（中略）いつの日か適格な良き市民が果たすべき最大の義務は、自分の血を世に残すことだと気づくだろう。そして不適格な市民の存続を許す余地はないのだと」（T. Roosevelt letter to C. Davenport, DNA Learning Center, ID: 11219）。

第十二章　無限の姿

現代のトランスヒューマニズム

さて、こうして歴史を一巡りし、見てきたことを踏まえて、第四章で提起した問題に戻りたいと思う。人間の進化的操作――遺伝的強化とトランスヒューマニズムである。

「あらゆる科学技術の利用による、現在の人間が持つ能力の限界を超えた超人への進化」――第四章で紹介したトランスヒューマニズムという言葉は、１９３０年代のフランス人技師の造語に遡るが、それを次のような言葉とともに著書に採用して普及させたのはジュリアン・ハクスリーである。

「人類は、望めば自らを超越することができる。個人によるそれぞれ別の方法としてでなく、人類全体として。この新しい信念には、新しい名前が必要だ。恐らくトランスヒューマニズムという言葉がふさわしい」

前述のように、J・ハクスリーは優生学者である。トランスヒューマニズムも、元は「進化の呪い」に煽られ、優生思想の一環として採用された概念と考えてよい。では、現代のトランスヒューマニズム、中でもマシンや情報工学を使う強化ではなく、生殖細胞系列に対する遺伝的強化によるものは、優生学の再来を意味するのだろうか。

いや、それは早計である。由来が優生学であったとしても、現在はそれと無関係な言葉や概念になっているかもしれないからだ。現代の「トランスヒューマニスト宣言」（1998年の初版）は、こう宣言している。

「私たちは、個人が自分の人生をどう実現するかについて、幅広い個人的な選択を認めることに賛成する。これには、記憶力、集中力、精神力を補うために開発される可能性のある技術や、延命治療、生殖選択技術、人体冷凍保存技術、その他多くの人体改造・強化技術の利用が含まれる」

ポイントは、個人の人生の実現、というところである。

ゲノム改変の誘惑

遺伝子改変技術の人間への応用をめぐる議論が活発化したのは、優生学という用語が進化学界からほぼ姿を消した1980年代である。体細胞遺伝子治療の臨床試験が始まり、最初のトランスジェニックマウスと遺伝子組換え生物の特許が取得された頃である。

生殖細胞系列の遺伝子改変に関する議論の出発点となったのは、1982年に発表された米国大統領委員会の報告書「スプライシング・ライフ」とされている。この報告書では優生学の資料を参照せず、つまり優生学と別れを告げ、その代わり、生命倫理という新しい学問分野と、組換えDNAという現実的な技術の問題から議論をスタートさせた。

その後焦点になったのは、倫理的にみて、どんな場合にそれが許されるか、という点だった。生殖細胞の遺伝子に対する介入は、将来の全世代の生殖細胞系列に影響を与えるので、その行為が道徳的に許されるのは、将来世代が合理的に同意する場合に限られる、というのが一般的な理解だった。遺伝子治療の父と呼ばれるフレンチ・アンダーソンは、1985年に発表した論文で、リスクと利益のバランスが適切で、その技術が治療だけに使用されるならば、ヒト生殖系列の遺伝的改変は許されるだろう、と指摘した。

1980年代後半には、生命倫理の専門家が、「遺伝子疾患を持つ子孫は、後続の世代ごとに体細胞遺伝子治療で治療されるだろうが、特定の機能不全遺伝子が子孫に伝わるのを阻止できるなら、そのほうが効率的だろう」と述べ、体細胞と生殖細胞の間にあった遺伝子改変の倫理的な障壁が破られた。また体細胞遺伝子治療の開拓者セオドア・フリードマンは、「効率的な疾病管理や、発生初期など難易度の高い細胞での損傷を防ぐため、生殖細胞系列の遺伝子治療が最終的に正当化される可能性がある」と記した。

1990年代には、治療と強化を分ける壁が弱体化した。障碍を矯正し、機能を正常な範囲に回復させる治療と、正常な範囲内で人間の能力を強化する介入との、倫理的な境界は不明確である、という考えが支持されるようになったからである。

治療を超えて強化を許す基準として、米国のリベラリズムを代表する哲学者ジョン・ロールズが提唱した、一次財という概念が検討されるようになった。一次財とは、権利、自由、機会平等、収入と富、健康、知性など、善悪の概念とは無関係に重視すべきものを指している。生殖細胞系列の遺伝子改変――遺伝的強化は、一次財を増強する場合、あるいは増強につながる能力を生み出す場合に限り、道徳的に許容されるというのである。

こうしたカジュアルな考え方には、新しい生殖技術の普及も影響していた。1960年代に開設された精子バンクは、1980年代以降、企業による流通が一般化した。卵子提供も始まり商業化も進んだ。体外受精は広く受け入れられるようになり、「デザイナー・ベビー」という言葉も注目を集めた。その結果、思わぬ形で遺伝子の選択が始まった。顧客は精子バンクに登録された人の中から、肌の色、髪の色、目の色、身長、さらには学歴をみて精子提供者を選ぶようになったのである。企業は顧客の美的感覚を重視するようになり、身長や顔など肉体的に魅力的な男性から精子提供者を集め、広告代わりにカタログに掲載して、ビジネスとして差別化を図るようになった。

21世紀になると、子供の遺伝的性質を強化するかどうかは、子供の人生をよりよくしたいと願う親の自由であるべきだという主張が広がった。例えば、戦後を代表する法哲学者ロナルド・ドウォーキンは、2000年に発表した論文で、「将来世代の人生をより長く、より才能に溢れ、成功できるようにする」という野心には何の問題もなく、「意図的な設計に基づいて、盲目的ないし個人に無関心な自然と闘うのは、倫理的な使命である」と説いた。また倫理哲学者アレン・ブキャナンは、平等や個人の権利の観点から、「機会均等には遺伝的介入が必要な場合があり、それは必ずしも病気の治療や予防に限定されるとは限らない」と主張した。

もちろんこうした考えに対し、人間の尊厳を侵害するという批判や、社会的・政治的にも危険で、生物学的災害をもたらすという批判も強かったが、技術革新は問題を一気に現実的な領域に引き込んだ。

ゲノム編集のツール（CRISPR-Cas9など）が開発されるなど、急速な技術革新が進むと、ヒトゲノム改変の問題は、より差し迫った問題として受け取られるようになった。

現在のところ、遺伝性の生殖細胞系列の遺伝子改変は、様々な法律で禁止され、万一許容されるとしても重篤な遺伝病の治療に限定されるべきであるという考えが一般的である。仮に遺伝性の疾患やリスクの存在がわかっても、生後の治療や生活上のケアを通して緩和、治療し、遺伝子治療は処置が遺伝しない体細胞に限るのが多数派の考えであろう。２０１５年に開催された米国科学アカデミー、英国王立協会、中国科学アカデミー等が主催する、第１回ヒトゲノム編集に関する国際サミットでは、「リスク、潜在的利益、代替案の適切な理解とバランスを踏まえたうえで、安全性と有効性の問題が解決され、幅広い社会的合意が得られるまでは、生殖細胞系列の遺伝子改変を臨床利用することは無責任である」、とする声明が発表された。また米国と日本の遺伝子細胞治療学会は、ヒト生殖細胞系列のゲノム編集に対し、安全性と倫理的な面から深刻な懸念があるとして反対する声明を出した。

だが、状況は変化しつつある。全米科学工学医学アカデミー（ＮＡＳＥＭ）は２０１７年、ゲノム編集技術の人間への応用をめぐる方針と手続きに対する勧告を行ったうえで、「合理的な代替案がない場合に、遺伝性ヒトゲノム編集は、将来生まれる子供の重篤な病気や障碍のリスクを最小限に抑えるよう望む親にとって、唯一または最も受け入れやすい選択肢となるだろう」と指摘し、条件により許容する方向性を打ち出した。

さらにナフィールド生命倫理評議会が２０１６年と２０１８年に提出した報告書では、子孫繁栄の自由が持つ意義を強調し、状況により、生殖細胞系列の遺伝子改変が、遺伝的に健康な子を妊娠するための夫婦の唯一の選択肢となりうると提言した。

これに対し、第四章に記したように２０１８年、中国の賀建奎がＨＩＶ（エイズウイルス）感染が避けがたい状況を理由に、子供にＨＩＶ感染への抵抗性を与える目的で、ヒト胚のゲノム編集を実行すると、今度は世界的に厳格な規制の整備を進める動きが高まった。国際保健機関（ＷＨＯ）も、ヒト生殖細胞系列ゲノム編集に対し、国際的な厳しい管理と監視の方策を提案した。しかしこうした国際機関が示す懸念は、すでにこの技術の使用自体よりもむしろ、それが許容される条件や目的が検討項目の中心となりつつある。寛容化への流れはもはや止められなくなっているのである。

メルクマールは「目的」

この技術の使用が想定される目的を改めて整理しよう。

（1）重度の遺伝的状態（主に単一遺伝子疾患）に関連する遺伝的変異の伝達を防ぐ。
（2）一般的な疾患（主に多遺伝子疾患）のリスクを低減し、人間の健康増進や機会平等に役立てる。
（3）統計的に正常な機能の範囲を超えて能力を高める。
（4）現在の人間が持つ能力をはるかに超える能力を与え、それによって人間の限界を克服する。

以上、4点である。

NASEMの勧告は、（1）までしか認めていないのに対し、ナフィールド生命倫理評議会の報告書は、（2）のみならず（3）にも該当しうる提言が含まれている。

重度の遺伝性疾患への介入（1）は、治療と見なされるため、道徳的に許されるだけでなく、医療的な義務であるという主張もあり、実施への壁は低い。しかし意図せぬ変異を生じる危険性など、ゲノム編集の技術的課題を解決するのは容易でない。また同一の遺伝子が異なる性質に関わる多面発現の現象は、遺伝子を改変した結果、思いがけぬ重篤な疾患を引き起こす可能性がある。例えば、中国の研究者がゲノム編集の標的としたＣＣＲ５遺伝子で、ＨＩＶ感染に対する防御を示す変異は、同時にインフルエンザウイルスなどの感染症に対する重度または致命的なリスクを持つ可能性が示唆されている。

糖尿病、冠動脈疾患、癌など、多くの一般的な疾患には、環境因子と複数の遺伝子が関係しており、第四章で紹介したように、ゲノムワイド関連分析によって、こうした疾患に関与する多くの遺伝子が特定されている。従来、多遺伝子疾患の遺伝子改変による治療や緩和、リスク低減（２）は、多遺伝子を標的とした改変の難しさに加え、意図せぬ有害な変化を標的以外の遺伝子で高めるなど、難易度と危険性の面から、ほぼ不可能と考えられていた。しかし技術の進歩の結果、安全性を向上させた多遺伝子の改変で、子や将来の世代で発症の可能性を低下させることが可能だとする研究が現れている。

ただし、複雑な遺伝子間の相互作用や環境の影響を十分なレベルまで解明するのは容易ではない。また個人の環境や遺伝的背景の違いで疾患が発症する確率も異なるので、遺伝子改変のメリットは、発症リスクに見合うかどうかで判断されなければならない。しかも改変の結果、多面発現などにより想定外の症状が生じるリスクは非常に高く、依然として実施への障壁は高い。

遺伝的強化の目的（3）は幸福の実現、（4）はトランスヒューマニズムだが、これらの目的で対象とされるような性質は一般に、あまりにも遺伝的な支配の詳細が未知であるために、また、あまりにも多くの遺伝子と環境要因が関与する複雑さを示すゆえに、技術的に不可能、とする意見がある。その一方で、現在の技術発展と知識集積のペースからみて、近い将来、実現は十分可能だ、と予想する研究者もいる。また賀建奎が行った胚の遺伝子改変は、見方によっては（3）に該当しうる、という意見もある。人類がこれまで不可能と思われた技術のハードルを次々クリアしてきた歴史を踏まえると、これらもいずれ試みられるとみて、問題の在処《ありか》をあらかじめ考えておいたほうが安全であろう。

ゲノムワイド関連分析の陥穽

第四章でも記したように、親が子の能力を平均以上に高めようとする遺伝的強化は許されるべきとする主張は、リバタリアンの思想家、科学者を中心に一定の支持を集めている。進化学を経て優生学の歴史を概観した今、それはどのように映るだろう。

遺伝的強化の基礎となるのは、今も昔も、性質と遺伝子の関係だ。現在、それを知るために広く使われているゲノムワイド関連分析は、ゲノム情報のデータベースを利用し、まだ遺伝子の実態さえ定かでなかった過去とは比較にならぬ膨大な情報量と知識を扱っている。しかし、その基本となる概念と統計手法の多くは、ゴルトン、ピアソン、フィッシャーが優生学で使っていたもの、あるいは優生学のために開発したものである。性質と遺伝子の関係を極度に単純化しがちな点は、ダヴェンポートの発想を彷彿《ほうふつ》とさせる。因果関係が不明なまま、相関関係から粗雑な推測をする研究が含まれる点も、ゴルトンやピアソンを連想させる。そして何より注目すべきは、それが何らかの価値観に合わせて、人間の遺伝子と生得的性質の人為的改良を目指すという点である。

確かにこれは優生学に見えるかもしれない。だが実は優生学とは決定的な違いがある。ゴルトンが定義したように、優生学は、「集団の先天的な資質」の向上を目指す。国家や政府、権力者、科学者、市民グループなど意思決定に影響を及ぼす者が、人間集団に対して行う育種である。これに対し、現代の遺伝的強化の主張は、子供に対する親の願い、つまり個人の先天的な資質向上と幸福を目的としている。

優生学が集団、あるいは多数派の利益と幸福のために個人の自由と平等と幸福を犠牲にしたのに対し、こちらは逆に個人に選択権があり、個人の自由と機会平等と幸福の実現が目的となっているのだ。優生学に反対したベイトソンも、我が子の遺伝的強化のほうには諸手を挙げて賛成するかもしれない、と考えれば、その違いを理解できよう。

「新しい優生学」

進化学と優生学の歴史を辿り、改めて第四章で紹介したサヴァレスキュの言葉――「これまでの進化は、私たちの人生がいかにうまくいくかと無関係であった。しかし私たちはそうではない」――に立ち戻ってみよう。この言葉は、人類を進化的に改良するという意味ではなく、親が子を「善」でも「道徳的」でも「進歩」でもない進化の束縛から解放し、自由と平等を与える、という意味だったのだと理解できる。過去の人類の進化は、個人の自由を束縛するものとして捉えられているのである。

もし人間の進化自体、かなりの部分がダーウィンも指摘した自己家畜化だったとするなら、遺伝的強化は各個人の意思で、それぞれの価値観に従って遺伝形質の選択をするという点で、自己家畜化と本質は変わらず、ただ効率を高めるだけの違いだ、という意見もある。確かに家畜――犬猫と共通の特徴である顔かたちや表情の親しみやすさは、人間の場合もそれに関係する遺伝子が存在し、それに選択がかかってきたことが知られている。

だが、この自由のための遺伝的強化は、知見の不足、実現性、身体への危険性以外に、様々な角度から批判を受けている。たとえば、ベイトソン親子がそうであったように、親子の価値観はしばしば対立する、従って子の遺伝的強化は、逆に子の自由を奪うという批判もその一つだ。親は子の将来の自律性と自己実現を保証すべきであり、少なくとも意図的に制約すべきではないとする考えは、「開かれた未来への権利」と呼ばれるが、強化はこの権利を守るためのものだとされる一方、逆に侵害する、という主張がある。また、強化するのに必要な資金力の有無と、商業主義により、富裕で能力を強化されたエリート階級が出現し、社会格差が遺伝的に固定する、という批判もある。

恐らく最も本質的な批判は、その目的は優生学ではないが、結果は優生学とほとんど変わらない、というものである。集団と個人は独立した存在ではないからである。例えば多くの人が一つの価値観に沿って遺伝子を改変するなら、それが個人の意思と選択によるものでも、行為だけ見れば優生学とほぼ同じになる。孫世代以降の幸・不幸まで心配し始めた場合も、必然的に優生学に近づく。実際、こうした遺伝的強化や胚の選択を支持する立場を新しい優生学（またはリベラル優生学）、と呼ぶ研究者もいる。

また優生学が社会と個人の利害対立を引き起こすように、個人のための遺伝的強化も、社会の利益との対立を引き起こす。例えば、親が特定の感染症への遺伝的な抵抗性を子に付与したとする。当初は感染症の患者が減り、医療費の削減につながり、行政にも歓迎されるだろう。しかしある程度、抵抗性を与えられた人々が増えると、その抵抗性を回避する病原体の進化が起こりやすくなるかもしれない。病気の耐性遺伝子を導入した農作物を、大量に栽培した場合に危惧されるのと同じことが起きるのだ。その結果、遺伝的に強化された個人の増加で、社会的な不利益が発生する。この場合、行政や科学者が遺伝子プールに介入するまで、つまり優生学が始まり人権が損なわれるまでは、ほんの一歩である。

一次財を増強する遺伝的改変なら許されると説き、遺伝的強化に倫理的な基礎を与えたロールズは、「ある者の自由が失われても、それは他者が共有するもっと大きな善によって補償されるという考えを、正義は否定する」、と優生学の功利主義的要素を批判したが、一方で次のように述べている。「当事者は自分の子孫に最高の遺伝的素養を保証したい」「社会は少なくとも、自然な能力のレベルを維持し、深刻な欠陥の拡散を防ぐ措置を講じなければならない」。ロールズの思想は、優生学の対極に位置するにもかかわらず、この主張は極めて優生学的である。左に傾きすぎた左翼は、極右とほとんど区別がつかなくなるように、何らかの価値観にあわせて個人を「改善」する遺伝的強化は、集団を「改善」する優生学に接近せざるを得ない。それが仮に一次財でも同じである。

生殖細胞系列の遺伝子改変を伴う遺伝性疾患の治療や遺伝的強化は、実質的に人間の遺伝子プールを人為的に改変する以上、事実上の優生学である、という指摘もある。現代では、出生前診断の結果で中絶という判断を下す場合がある。着床前遺伝子診断による胚の選択や、卵子・精子提供者の選択も行われている。これも事実上すでに遺伝子プールから特定の遺伝的変異を人為的に排除、選択していると言える。しかし個人の意思による個人のための選択は、遺伝性疾患の治療も遺伝的強化と同じく、過去の優生学とは区別される。ただし、あらゆる点で、容易にそちらに転化しうる大きなリスクを抱えている、というわけだ。

過去の優生学運動がそうであったように、個人の自由と平等の追求者は、容易に個人の犠牲と差別を強いるようになるという教訓を忘れてはならない。

恐らく近い将来、トランスヒューマニズムは少なくとも部分的には実現するだろう。「長い目で見て何が起きるかわからないからという理由で、こうした実験が長く先延ばしにされてきたことはない」からである。だが私には、それは情報工学や新素材、ナノテクノロジー、生体・機械工学など、生殖細胞系列の遺伝的改変以外の技術、つまり体細胞の遺伝的改変を含む一世代限りの可逆的な方法で進められたほうがよいと考える。仮に技術的に可能になったとしても、倫理的な問題がないとしても、である。重篤な遺伝疾患の治療目的の改変や、着床前遺伝子診断による胚の選択や精子・卵子ドナーの選択は、それが個人の価値観に基づく、個人の選択ならそれを否定するのは難しいだろう。だが、市民の多数が関わりうる、世代を超えた遺伝的強化は個人の選択であっても私には支持しがたい。

境界が曖昧でも、治療と強化の間のどこかに線を引いたほうがよい。次世代に影響しない技術で不平等が克服できるなら、そのほうがよいだろう。

目の前にあるディストピア

２０１７年にヒト生殖細胞系列のゲノム編集を許容する方針を打ち出したときの米国ＮＡＳＥＭの委員で、生命倫理の専門家ジョン・エヴァンスは、現状のまま生殖細胞系列の遺伝的改変技術の安全性と効力が確立した場合、社会は「ディストピアのどん底への転落」を免れないだろう、と述べている。それを防ぐのは、遺伝的最低水準を満たすレベルと社会的優位性を与えるレベルの間――「滑りやすい斜面」の間に、落下を防ぐ防護壁を築くことだという。病気であれ知能であれ、遺伝的特質によって不利な立場に置かれる子供たちを、「遺伝的最低水準」と呼ぶ水準に引き上げて、「平等な機会」を与えるのを許容する一方で、運または努力で得る以上の社会的優位性を個人に与え、ほかには何ら利益をもたらさず、競争の暗黙の目標を損なうような遺伝的強化を阻止するのである。

歯止めを欠いた遺伝的強化の未来がディストピアである理由として、エヴァンスは遺伝的強化が実質的に優生学である点を挙げている。個人と社会、義務論と功利主義という遺伝的強化と優生学の間の壁はとうに崩れたというのである。遺伝的強化をめぐる過去の議論や状況の推移も、本書で示した過去の優生学の歴史――倫理と技術の防護壁が次々と消失し、気づいたときにはナチスの惨劇に向かって「滑りやすい斜面」を転げ落ちていった歴史と重なるという。悪魔が再び蘇るのである。

確かに社会から偏見や差別、能力主義が消える見込みは乏しく、むしろ蔓延している状況では、多くの個人の選択の総体として、自滅的な優生学化が進む恐れがある。人々の未来への可能性が遺伝的に閉ざされたカースト社会が実現するかもしれない。これは自由、平等、人権という現在の価値観、道徳観に反する世界である。

だが遺伝的強化を支持できない理由がほかにもある。

現実には、一部の性質を除けば、後天的要素の役割の大きさや遺伝子制御ネットワークの複雑さゆえに、期待通りの遺伝的強化は不可能かもしれない。不可能ならそれでよいが問題なのは、知識に基づいて可能か不可能かを判断すること、さらにリスクを把握することとの困難さである。優生学の歴史では、知識より実践が優先され、リスクより利益が重視された。これは現代の様々な科学技術政策で共通に認められる傾向でもある。

体細胞の遺伝子改変なら誤りが起きても、その誤りによる悪影響は患者の死とともに終わるが、生殖細胞系列で起きた誤りの悪影響は、子孫に受け継がれる。それが遺伝子プールに広がれば収拾はほぼ不可能となる。流行に合わせて多くの人々の遺伝的改変が行われる結果、次世代とそれ以降の個人と遺伝子プールに大きく急で、予測と修復が困難な遺伝的変化を不可逆的に生じるかもしれない。

遺伝的な変異を不可逆的に失い、進化的な可能性が奪われる恐れもある。遺伝的に均一化し脆弱化した、農作物品種のようになるのだ。いわゆる進化のデッドエンドである。

持続可能性という現在の価値観、道徳観を大事にするのであれば、このように修正が利かない不可逆的な操作――先天的な資質を改変して、個体と社会の性質を急激に大きく変えるような操作、後戻りできない操作、未来の可能性を奪うリスクのある操作は、可能な限り避けたほうがよいだろう。

還元主義からの脱却が難しい生物学者は、人間社会のような高次の系を思い通りに予測し、操作できるなどと考えないほうがよい。ジョン・デュプレが指摘するように、還元主義は複雑な系の振る舞いの説明はできるが、正確な予測はできない。

「である」・「べき」の空隙

己の無謬を信じる者が改革を進めた社会や組織は悪くなる――これが優生学の歴史が語る教訓である。社会や人々の「改善」を願うなら、結局最も人間的かつ平凡な方法で――様々な価値観・立場の人々との対話と合意を経て、方針を決めたら、信頼できる記録やデータ、観察事実をもとに、考え、試し、様子を見て、誤りを正しながら、少しずつ進めるしかない。私たちに必要なのは、大きなプランを進める前に、レンガを一つ置いてみることであろう。

そもそも私たちは私たちの事実をもっと知らねばならない。実用的な科学知識だけではなく、自分自身を知りたいから知るための科学知識が必要なのだ。ヒトは、どう進化してきたのか。またヒトの性質はどう決まり、形づくられるのか。私たちは、もっと私たち自身をつくる仕組みやその進化のことを知らなければならない。

真理に近づくという目的で進化学は輝く。ただし真理に接近したからといって幸福に近づくわけではない。幸福か不幸かはまた別の話だ。それでも真理には力がある。もし偏見や差別の理由が真理からほど遠いにもかかわらず真理だと偽っているなら、それに対抗するのは、実用性を期待されてはいなくとも、真理に接近している科学であろう。

もしその役割を捨て、一つの呪いの先兵となり、遺伝的強化であれトランスヒューマニズムであれ、単純でわかりやすいモデルで進むべき未来と必要性を語り、自由と平等を求める人々に闘いと進歩を煽り、それが自然の法則だと騙すなら、それは過去の優生学と同じくディストピアへの一本道である。

優生学ではないが、優生学とよく似た構図はほかにもある。

冒頭に提起した、現代の私たちが晒されているストレスと拘束感を与えるメッセージはその例だ。闘え、進歩せよ、という呪いの力、選択と排除の価値判断に合わせるための尺度・数値指標による序列化、そして「そうあるべきだ」という規範を正当化する科学を装った単純な説明、つまり「ダーウィンの呪い」である。自由と平等と科学に価値を置く私たちが、それを求めた結果だというのも共通している。

進化の科学は光と闇が表裏をなす。天使のような悪魔ほど危険な存在はないように、やさしくて役立つ科学、わかりやすくて役立つ科学を装う説明は危険である。特に本来、ひどくわかり難く煩雑な理論を、シンプルにわかりやすく、また面白く言い換えた説明は要注意である。ときにそれは自らの偏見を普及し、権力を確保し、思い通りの社会を造り、私やあなたを操るための道具になる。

「ダーウィンがそう言っている」は、最もシンプルでわかりやすく、科学を装う危険な説明の一つである。ほぼ何も言っていないのに、なぜか説得力を発揮する稀有な説明である。どんな主張でも、科学的客観性の権威を与えてしまうマジック・ワードなのである。

ダーウィンは様々な場所に源流となるアイデアを与えたが、そのアイデアの流れは歴史とともに広がり、様々な流れと融合し、大きく形を変えてきた。仮にあなたが何か主張を聞かされて、「ダーウィンがそう言っていた」としても、その主張の科学的な正当性が担保されたことにはならないのだ。

本書で説明したように、自然選択の理論は、源流となったダーウィンの考えから大きく変化してきた。また現代の進化学の理解では、自然選択以外にも多くのプロセスが進化に関わっている。ほかのプロセスのほうが、自然選択より効果が大きい場合もある。現実の自然界で作用している進化のプロセスは単純なものではない。それを自分の価値観に合う部分だけ取り出して単純化したり、価値観に合うようやさしく変形して、社会や組織や文化から劣ったもの（嫌いなもの）を排除し、優秀なもの（好きなもの）だけを残し、彼らに利益や幸福をもたらすという野心の実現に利用するのは、優生学の企てと同じである。さらにそれを国や企業や学校など組織を単位とした競争による弱者の排除の正当化に利用するなら、それは帝国主義者が使ったのと共通の論理になる。

冒頭のメッセージのいくつかには、もうひとつ根本的な誤謬が含まれている。実は仮に「生物進化では競争で弱者が淘汰される」が事実であったとしても、そこから「競争で弱者は淘汰されるべき」という規範や価値判断を直接導くことは、論理的にできないのだ。

人間に競争意識があり、仕事、技術、スポーツその他で競争が向上心を刺激し、レベルアップにつなげる要素である点は否定しない。しかし「人間はそうした性質を進化的に獲得した」という進化学の事実から、「人間は競争し、努力すべきだ」という規範は導けない。協力や利他も同じである。それが進化の結果であっても、その事実から直接「人間は助け合うべきだ」という道徳律は導けない。

デヴィッド・ヒュームが指摘して以来、多くの哲学者は「何が事実か」という前提から、直接「どうすべきか」という価値判断や道徳律など規範的命題は導けない、と主張してきた（よく混同されるが、この主張は第四章で述べたムーアの自然主義の誤謬とは別物で、より頑健な点に注意）。私たちがなすべきことを科学で〝決定〟できるのは、科学が得た経験的な情報を、価値観に基づく推論や道徳的な推論の連鎖へ演繹的に組み込める場合に限られる。例えば「命を守るべきである」等の道徳律の下で、医師は患者の診断で得られた疾患の事実から推論して、「治療するべき」と提案する。こうした自明な価値観で橋渡しをせずに事実から規範へ飛躍を許すと、時に隠れた先入観や偏見がギャップを架橋してしまう。

生物の繁殖様式から直接人間のあるべき家族や性を論じるのもこの飛躍の例である。仮にヒトがなぜ進化したかわかっても、その事実から私たちがどうあるべきかは導けない。ただし、科学的な事実は道徳律や価値判断に影響を与える。例えば生殖技術やゲノム編集技術の進歩は新しい価値判断や法的規制に寄与する。だがこの場合、人々の健康と安全を最優先すべきという共有された価値観があり、それが事実と新しい規範の橋渡しの役割を果たしている。また、人種の存在が科学的に否定されるという事実は、人種差別の根拠を無力化する。しかし人種差別をしてはならない理由は、人種が科学的に否定されるからではない。仮に人種が存在したとしても、人種差別をすべきでない、という価値判断は変わらない。

第十一章に記した過去の優生学の目的が持つ誤りの根本は、この「である」「べき」のギャップを、飛び越えてしまった点にある。進化の事実や人間の能力が遺伝的に決まるという生物学の事実、あるいは動物を育種できるという事実から、人間の能力を進化的に改善すべき、という価値判断を、社会的に共有される自明な価値観による橋渡しをしないまま導いた点だ。この飛躍ゆえに、それとわからぬ形で偏見と差別意識がギャップに橋をかけたのである。ただし、進化が無方向で生物に本質的な優劣がないのを、平等や反差別を訴える理由にするのも同じく誤りである。平等と反差別は、科学的事実とは無関係に重視すべきものなのである。

この科学的事実から価値判断や規範への論理的飛躍こそ、「ダーウィンの呪い」の中枢である。神の摂理なら規範を導けるが、科学的事実は違うのだ。

道徳、善、未来

さて、堕落を恐れた優生学者の大きな願いは、能力強化ともう一つ、道徳性の向上だった。現代では遺伝的強化に期待する人々の夢の一つでもある。しかし優生学の誤りの正体をみた今、「～べき」を生み出す道徳を科学でどう考えればよいだろう。また優生学者や遺伝的強化の支持者が望むように、私たちは生物学で道徳性を高められるのだろうか。

第四章で述べたように近年、道徳的性質の生物学的研究が進んでいる。「である」と「べき」のギャップは、将来の生物学なら突破可能なのだろうか。幸福を高めるものが道徳だと考えた神経学者のサミュエル・ハリスは、幸福と苦痛が出来事と人間の脳の状態に依存するという事実から、その詳細が判明すれば道徳律や価値判断を神経生理学的に説明できる、と主張した。価値の概念は意識ある生物の幸福で示され、幸福が増大しなければ価値はない、という前提を設けることによって、価値判断が幸福を通して科学的事実で決定されるというのである。

しかしこの主張は、採用している科学の定義や過度の単純化などから多くの批判を浴び、支持し難い。例えばその前提の誤りは、植物など人間以外の存在のほうに価値を置く生態系中心主義の保全生物学者にとっては自明だと感じられるだろう。誤りでないとしても、前提自体が哲学的価値観に基づいているので、価値判断は科学的事実だけで決定されるという主張と矛盾する。

ほかにもウィルソンら多くの生物学者、哲学者が挑戦を試みてきたが、「である」と「べき」のギャップは今なお埋まっていない。道徳を自然科学的に研究している人々の大半は、道徳研究の役割を、道徳の体系が成立する過程やメカニズムの研究に限定している。「べき」の理由がわかっても、何らかの価値観による支配なしに「べき」とは言えないと考えているのである。

人々に共有される価値観に基づき、善悪を決める信念の体系が道徳であるとすれば、倫理は道徳規範に基づき行動を規制するルールと言える。広義にはこれらは文化を構成する要素である。人間の身体のみならず脳の活動に遺伝的な要素があり、それが進化の結果も反映する点は否定できない。脳というハードウェアは、環境との関係のなかで精神活動を創発する。文化は精神活動の産物である。従って認知や感情のような生物学的要素が関わる。しかし同時に、文化はそこから創られた独自の要素も持つ。

文化の要素（特に言葉、習慣、技術、芸術など）にも、変異し伝達される性質があるので、その部分を遺伝子のような単位と見なして、由来や変遷を系統関係で記述したり、自然選択的なモデルでその変容を説明する場合がある。模倣、言語、教育などの学習手段を通じて、社会的に継承され、性質の継承されやすさで選択の影響を受け、さらに文化的浮動という形で偶然の影響を受ける可能性も含むモデルである。

ただし自己複製能力のない文化要素は、ホストに感染し、その複製機能を利用して増殖するウイルスのような存在のアナロジーである。道徳と密接に関係する要素として宗教を例にあげると、その流行や教義の変化が、このモデルで説明されている。「信ずる者は救われる」といった信仰による報酬の教義は、新しいホスト（信者）獲得のフックになり、「異教徒は死後、地獄に落ちる」といった罰の教義は、ほかの宗派の感染に対する抵抗力となるという。

カール・ポパーは、これと似たプロセスで科学の変遷も説明した。科学の対立仮説のうち、事実に照らしてより信頼できる仮説が人々（ホスト）に選択され、支持されて広まる結果、仮説は信頼性を高めていく、と考えたのである。だが条件によっては、これと逆方向にも変化は進む。疑似科学の流行はその例である。前出の選択的なモデルの支持者は、その理由を、超自然的な現象に対する信念は反証不能なので、流行を抑止されにくいからだ、と説明する。また、ディープステートのような陰謀論も同様に、証拠が隠蔽されているという信念によって反証を免れるため、同じく〝感染〟が止まりにくいのだという。

哲学者ダニエル・デネットは、この選択的モデルによる説明に対して、それが与える洞察は評価するものの、信頼できる定式化がなされておらず、定量化も不十分で、検証可能な仮説が明確でないため、厳密な科学的説明とは言えないとした。しかし近年、定量的な情報や社会実験を利用した実証的な研究が進み、ゲーム理論やシステム論を活用したシミュレーション手法が取り入れられた結果、選択的モデルを利用した、政治体制や家族力学、音楽、芸術、文学などをテーマとする文化的変化の研究が飛躍的に進展した。

社会学者は一般に生物学的な還元主義や生物進化への言及を慎重に避けてきた経緯があるが、最近では社会構造やその動態の説明に選択的なモデルを取り入れるケースが増えてきた。こうした考えに基づく文化進化の研究はまだ発展途上の分野であり、進化の対象となる単位の曖昧さなどから、現状を総合説以前の進化学の状態に喩える研究者もいるが、進化学と同じく真理の追究、特に文化の起源の理解に有力な手段を提供する。このモデルでは、異なる文化に優劣はなく正邪もない。人々に受容されている文化とは、特定の条件下で、より多くの人々の間に広がった結果でしかない。

それゆえ文化進化を社会の改善に利用すれば、進化学と優生学の関係と同じく、事実から規範を導き人々を不当に序列化し排除する危険を招く。例えば経済学者フリードリヒ・ハイエクは文化進化から新自由主義的規範を導く誤謬を犯した、とする批判がある。

なお、この文化の選択的モデル自体の歴史は古い。1912年にケンブリッジ大学優生学会で行った講演、「社会選択」(第八章)で、フィッシャーはこう説いた。「自然選択は……、言語、宗教、習慣、風習……、安定と不安定が適用できるすべてのもので生じる。その要素に必要なのは、変異と遺伝の能力だけである」。フィッシャーはこの講演でブリッジなどゲームの流行や喫煙の習慣をホストに感染する寄生生物に喩え、一種の生命体と見なしてその流行と進化を論じている。

しかし文化の振る舞いには別の側面もある。情報の送り手と受け手の間のコミュニケーションや、受け手の認知バイアス、情報の変換と再解釈のプロセスは、方向性のある文化的変化をもたらす。私たちの心は恐らく生物進化の産物であるハードウェアの特性のため、何らかの目的を持ち、それを解決する行為をとるよう動機づけられている。こうした性質のため、文化ではラマルク進化と似た変化も起きる。解決の努力で獲得された新しい知識や能力を、文献、記録、伝承として保存するからである。次世代はそれを学び、あたかも先天的な能力のように、容易《たやす》くそれを駆使できる。従って文化の変容は合目的的な進歩の性質も備えており、生物進化とはずいぶん違う点があるので、単純な同一視はできない。

しかも文化の変容は人間に対する自然選択を変え、その影響は生得的にも後天的にも人間のハードウェアに波及する。その結果、認知能力のみならず身体機能、例えば食文化を通して消化酵素などの進化も起こり、それが文化に影響する。こうした異なるレベル間の相互作用のプロセスは高次のパターン、つまり文化の諸相とそれに関わる精神活動に低次の要素に還元できない著しく多様な特性をもたらすだろう。

人間の精神活動は目が眩むほどに複雑だ。世界は80億の心で溢れているのに、同じ心は一つとしてない。人の心は、ときに首尾一貫しているが、ときに合理性を欠き、二面性を持ち、ときにダブルバインド的であり、矛盾に満ちていてとりとめがない。まさに優生学者がそうであったように――最終的に罪なき人々の大量虐殺を招いた彼らの仕事が一方で、病に苦しむ多くの人々に福音を与え、あらゆる科学に欠かせぬ統計ツールを提供し、農業技術の発展を導いて暮らしを豊かにし、ティラノサウルスで子供たちの心を虜にするように。

正気と狂気、賢明さと愚かさ、善と悪、強さと弱さは、いずれも私たちの心と身体の世界にフラットに共存している。

こうした文化と精神活動の複雑さゆえに、道徳的な性質に自然選択や文化進化が作用したとしても、道徳とその判断基準となる「善」は、多彩で多面的な性質を持つだろう。たいていの人はいつも正しく、善で、道徳的でありたいと願っている。だが道徳への動機が強まるほど、他者から道徳的な欠陥があると見なされることへの強い嫌悪を生むことが知られている。そのため道徳への強い意識は、道徳的な欠陥や誤りを決して認めない不誠実な意識を生み、反道徳的となる。この道徳のパラドクスと呼ばれる性質ゆえに、強い道徳意識は反道徳的な結果をもたらしうる。

しかも第四章で述べたように道徳的判断に感情的反応と直観が重要なら、そもそも人間の道徳的反応は、負の感情的反応と表裏一体のものかもしれない。もしそうなら道徳的理性を高めれば、反道徳的感情も高まる可能性を無視できないだろう。そんなとりとめのない関係を生物学で思い通りに操り、道徳性を高められるとは思えない。

最高の知性と道徳性と善の持ち主だと自他ともに認める人々が悪と不道徳をこの世から無くし、社会を浄化しようと目指した結末が、最も邪悪で非人道的な地獄であったという優生学の皮肉を見れば、その難しさは明らかであろう。

それならば、と、人間には不可能な最高の道徳性をＡＩに獲得させて、道徳的判断はすべてＡＩに任せればよいと提案する哲学者もいる。だがこの場合、道徳的かどうかの判断力を人間が失う恐れがあり、万一ＡＩが反道徳的な指示を出した場合、それに従う危険性を回避できなくなるという批判がある。そのためＡＩの利用は、あくまで人間の道徳的判断力を高めるツールに限定すべきだという意見もある。例えば、哲学者デネットの思考を再現し、自由に対話するＡＩの開発が行われているが、このようにして作成した古今東西の哲学者ＡＩとの対話や補助的利用を通じて、利用者の道徳性が向上するだろうというのである。

仮に遺伝的強化とＡＩを併用したトランスヒューマニズムで、最高レベルの道徳性を人間が獲得できたとしてみよう。

道徳哲学者スーザン・ウルフは、あらゆる行動が可能な限り道徳的に善で、最高の道徳性を備えた「道徳的な聖人」を想定したとき、実はその人物は合理的でも健全でも望ましいものでもなく、道徳的でさえないことを論証してみせた。

道徳的聖人は、他人を公正かつ親切に扱う資質を持ち、忍耐強く、思いやりがあり、他人を決して否定的に判断せず、冷静で、あらゆる行為と思考が慈善的、利他的である。従って全時間を人助け、看病、寄付金集めなどに捧げるので、読書や演奏、交際、娯楽、スポーツ、学問などに費やす時間がない。つまり豊かな人生を送り、好ましい人格形成に役立つとされる活動ができない。その結果、現実的には不健全で魅力のない望ましくない人間になる。また道徳的な聖人は、ユーモアがなくなり、退屈な人間になる。皮肉や気の利いたウィットを評価するユーモア感覚は、人の欠点や悪に対して諦めの態度をとるよう求めるが、それは道徳的な聖人が拒否するものだからである。

道徳的目標はほかの目標に対し支配的であるため、道徳的完全性の達成に反する対象や活動への欲望は、徹底的に排除、抑制される。この特徴は、ある種の宗教的理想主義者や自意識過剰な利己主義者に共通するものだ、とウルフは述べている。

最高の道徳性を持つ人々からなる社会は、逆説的にディストピアなのである。

善や称賛に値する人間の可能性は無数にあり、その判断や妥当性の基準に最高の道徳性という理想を使うべきではないとウルフは説く。

「人は道徳的に完璧でなくても、完璧に素晴らしいかもしれない」

善は無数の形で存在し、それが道徳的な「善」とは限らない。また道徳的な「善」が善とも限らない。幸福の増大としての善が存在し、また道徳的な「善」に生物学的な要素が含まれていたとしても、両者が対応するとは限らない。

これが第四章で述べたG・E・ムーアによる「未決問題」の理由の一つかもしれない。私たちは、そのとりとめのなさ——いかなる体系の道徳が示す答えとも乖離した規範的な答えが、常に存在する可能性を認めなければならない。

人類として普遍的な善悪はあるし、自明な善意も悪意もあるだろうと私は信じる。だが善であるためには、悪でないことを祈りつつ、一つずつ善意のレンガを置いてみるしかない。それがいかに難しくても善でありたいと思うし、悪は法で制さねばならぬ。しかし同時に、善悪、正邪、矛盾入り乱れ、人それぞれに異なる心の混沌も、私には魅力的に映る。大世界から悪が消えたら胸のすくようなヒーローの物語は二度と楽しめなくなるだろう。大切なのはむしろ、人それぞれに夢を持てること、それからもし置いたレンガの場所が誤りだったなら、その失敗を修正できることではないか。

多様性の尊重は現代の最も重要な価値規範の一つだという。だが多様性を尊ぶなら、原理的に不快や悪や愚かさも許容しなければならない。従って多様性を善と考えた途端に、また利益を得ようと多様性を目指した途端に、多様性は失われる宿命にある。

これは未来にも当てはまるだろう。進歩かもしれないが堕落かもしれない、どうなるかわからない未来未来こそ、多様性の尊重という現代の価値規範の下で私たちが望む未来であろう。もし目指す未来の姿があるのだとすれば、それはどちらにも方向づけられていない未来――よい未来でも、優れた未来でもないが、いくらでも誤りを修正できて、あらゆる可能性が開かれた未来なのではないだろうか。

人間が持つ知性と美徳の輝きは、確かに生命の進化がもたらした奇跡の一つかもしれない。だが私には、生命、そして人間の美しさ、素晴らしさは、明暗入り乱れ混沌としたまま、どこまでも果てしなく広がり、かつ進化していく、無限の可能性にあるのではないか、という気がするのである。

そんな矛盾に満ちた人間の一員として、私もあえて最後にこんな「呪い」の言葉を吐こうと思う。

だってほら、あのダーウィンもこう言っている――「生命は……最も美しく、最も素晴らしい無限の姿へと、今もなお、進化しているのである」。

from the Price equation. *Philos. Trans. R. Soc. Lond. B* 375: 20190358.
Ellemers N, van der Toorn J, Paunov Y, van Leeuwen T 2019 The psychology of morality: A review and analysis of empirical studies published from 1940 through 2017. *Per. Soc. Psy. Rev.* 23: 332–366.
Volkman R, Gabriels K 2023 AI moral enhancement: Upgrading the socio-technical system of moral engagement. *Sci. Eng. Ethics* 29: 11.
Schwitzgebel E, Schwitzgebel D, Strasser A 2023 Creating a large language model of a philosopher. *arXiv*: 2302.01339.
Wolf S 1982 Moral saints. *J. Philos.* 79: 419–439.
Darwin C 1859 Id.
（順序は本文での参照順）

point to disease mechanisms and subtypes: A soft clustering analysis. *PLoS Med.* 15: e1002654.
Steyer B et al. 2018 Scarless genome editing of human pluripotent stem cells via transient puromycin selection. *Stem Cell Rep.* 10: 642–654.
Stadtmauer EA et al. 2020 CRISPR-engineered T cells in patients with refractory cancer. *Science* 367: eaba7365.
Carlson-Stevermer J et al. 2020 Design of efficacious somatic cell genome editing strategies for recessive and polygenic diseases. *Nat. Commun.* 11: 6277.
Macpherson I, Roqué MV, Segarra I 2019 Ethical challenges of germline genetic enhancement. *Front. Genet.* 10: 767.
Almeida M, Diogo M 2019 Human enhancement: Genetic engineering and evolution. *Evolution, Medicine and Public Health* 1: 183–189.
Zanella M et al. 2019 Dosage analysis of the 7q11.23 Williams region identifies baz1b as a major human gene patterning the modern human face and underlying self-domestication. *Science Advances* 5: eaaw7908.
Feinberg J 1980 The child's right to an open future. In: Aiken W, LaFollette H eds. *Whose child?* pp. 124–153. Rowman & Littlefield.
Schmidt EB 2007 The parental obligation to expand a child's range of open futures when making genetic trait selections for their child. *Bioethics* 21: 191–197.
Mintz RL, Loike JD, Fischbach RL 2019 Will CRISPR germline engineering close the door to an open future? *Science and Engineering Ethics* 25: 1409–1423.
Vizcarrondo FE 2014 Human enhancement: The new eugenics. *Linacre Q.* 81: 239–243.
Kitcher P 1996 *The Lives to Come: The Genetic Revolution and Human Possibilities*. Touchstone.
Evens JH 2021 Setting ethical limits on human gene editing after the fall of the somatic/germline barrier. *Proc. Natl. Acad. Sci. USA* 118: e2004837117.
Evens JH 2020 *The Human Gene Editing Debate*. Oxford Univ. Press.
Dupré J 1993 *The Disorder of Things. Metaphysical Foundations of the Disunity of Science*. Harvard Univ. Press.
Capek K 1920 *R.U.R.* 千野栄一 訳 1989 *ロボット(R.U.R.)*. 岩波書店.
Harris S 2010 *The Moral Landscape: How Science Can Determine Human Values*. Free Press.
Blackford R 2010 Book review: Sam Harris' *The Moral Landscape*. *J. Evol. Technol.* 21: 53–62.
Atran S 2011 Review: Sam Harris's guide to nearly everything. *The National Interest* 112: 57–68.
Earp BD 2016 Science cannot determine human values. *Think* 15: 17–23.
Mesoudi A 2021 Cultural selection and biased transformation: two dynamics of cultural evolution. *Phil. Trans. R. Soc. Lond. B* 376: 20200053.
Popper K 1972 *Objective Knowledge: An Evolutionary Approach*. Oxford Univ. Press.
Dennett DC 1995 *Darwin's Dangerous Idea: Evolution and the Meanings of Life*. Simon & Schuster. (山口泰司 監訳 ダーウィンの危険な思想 青土社)
Burns TR, Dietz T 1992 Cultural evolution: social rule systems, selection and human agency. *Int. Soc.* 7: 259–283.
Denis A 2002 Was Hayek a Panglossian evolutionary theorist? A reply to Whitman. *Const. Political Econ.* 13: 275–285.
Fisher RA 1912 Id.
Nettle D 2020 Selection, adaptation, inheritance and design in human culture: the view

and Behavioral Research, Splicing Life. 1982 United States Government Printing Office.
Anderson F 1985 Human gene therapy: Scientific and ethical considerations. *J. Med. Philos.* 10: 275–292.
Juengst ET 1997 Can enhancement be distinguished from prevention in genetic medicine? *J. Med. Philos.* 22: 125–142.
Walters L 1986 The ethics of human gene therapy. *Nature* 320: 225–227.
Friedmann T 1989 Progress toward human gene therapy. *Science* 244: 1275–1281.
Rawls J 1971 *A Theory of Justice*. Harvard Univ. Press.（矢島鈞次 監訳 正義論 紀伊國屋書店）
Silver LM 1997 *Remaking Eden: Cloning and Beyond in a Brave New World*. Avon.
Davis DS 2010 *Genetic Dilemmas: Reproductive Technology, Parental Choices, and Children's Futures*. Oxford Univ. Press.
Agar N 1998 Liberal eugenics. *Public Affair Quarterly* 12: 137–155.
Buchanan A et al. 2000 *From Chance to Choice: Genetics and Justice*. Cambridge Univ. Press.
Dworkin R 2000 Playing God: Genes, clones, and luck. In: Dworkin R ed. *Sovereign Virtue: The Theory and Practice of Equality*, pp. 427–452. Harvard Univ. Press.
Baylis F, Darnovsky M, Hasson K, Krahn TM 2020 Human germ line and heritable genome editing: the global policy landscape. *CRISPR J.* 3: 365–377.
Wolf DP, Mitalipov PA, Mitalipov SM 2019 Principles of and strategies for germline gene therapy. *Nat. Med.* 25: 890–897.
Lea RA, Niakan KK 2019 Human germline genome editing. *Nat. Cell Biol.* 21: 1479–1489.
National Academies of Sciences, Engineering, and Medicine 2015 *International Summit on Human Gene Editing: A Global Discussion*. The National Academies Press.
Friedmann T et al. 2015 ASGCT and JSGT joint position statement on human genomic editing. *Mol. Ther.* 23: 1282.
Nuffield Council on Bioethics 2016 *Genome Editing: An Ethical Review*. The Nuffield Council on Bioethics.
Nuffield Council on Bioethics 2018 *Genome Editing and Human Reproduction: Social and Ethical Issues*. The Nuffield Council on Bioethics.
Cyranoski D 2019 Id.
National Academy of Medicine, National Academy of Sciences, and the Royal Society 2020 *Heritable Human Genome Editing*. The National Academies Press.
WHO 2019 *Statement on Governance and Oversight of Human Genome Editing*. WHO.
WHO 2021 *Human Genome Editing: Position Paper*. WHO.
Savulescu J, Singer P 2019 An ethical pathway for gene editing. *Bioethics* 32: 221–222.
Gyngell C, Douglas T, Savulescu J 2017 The ethics of germline gene editing. *J. Appl. Philosy.* 34: 498–513.
Ferrero MR et al. 2022 The dual role of CCR5 in the course of influenza infection: Exploring treatment opportunities. *Front. Immunol.* 12: 826621.
Rulli T 2019 Reproductive CRISPR does not cure disease. *Bioethics* 33: 1072–1082.
Mars M 2022 Genome-wide risk prediction of common diseases across ancestries in one million people. *Cell Genomics* 2: 100118.
Aragam KG et al. 2022 Discovery and systematic characterization of risk variants and genes for coronary artery disease in over a million participants. *Nat. Genet.* 54: 1803–1815.
Udler MS et al. 2018 Type 2 diabetes genetic loci informed by multi-trait associations

Asch A 1999 Prenatal diagnosis and selective abortion: a challenge to practice and policy. *Am. J. Public Health* 89: 1649–1657.
Karpin I 2007 Choosing disability: preimplantation genetic diagnosis and negative enhancement. *J. Law Med.* 15: 89–102.
Macpherson I, Segarra I 2017 Commentary: grand challenge: ELSI in a changing global environment. *Front. Genet.* 8: 135.
de Coubertin P 1912 Ode au Sport, winner of the gold medal in the artistic competition of the Olympic Games 1912.
Krüger A 1980 Neo-Olympismus zwischen Nationalismus und Internationalismus. In: *Ueberhorst H: Geschichte der Leibesübungen. Band 3, Teilband 1: Leibesübungen und Sport in Deutschland von den Anfängen bis zum Ersten Weltkrieg*, SS. 522–568. Bartels & Wernitz.
Brauer F 2012 L'Art eugénique: Biopower and the biocultures of Neo-Lamarckian eugenics. *L'Esprit Créateur* 52: 42–58.
Larson S, Brauer F eds. 2009 *The Art of Evolution: Darwin, Darwinisms, and Visual Culture*. Dartmouth College Press.
Brauer F, Callen A eds. 2008 *Art, Sex and Eugenics*. Corpus Delecti. Ashgate.
Schantz OJ 2008 Pierre de Coubertin's civilizing mission. *Proceedings: International Symposium for Olympic Research*.
Koulouri C 2008 The first modern Olympic Games at Athens, 1896 in the European context. *ヨーロッパ研究* 5: 59–76.
Brownell S ed. 2008 The 1904 *Anthropology Days and Olympic Games: Sport, Race, and American*. Univ. Nebraska Press.
Clastres P 2010 Playing with Greece. Pierre de Coubertin and the motherland of humanities and Olympics. *Histoire@Politique* 12: 9.
Lennartz K 2002 The story of the rings. *J. Olympic History* 10: 29–61.
Branigan AR, McCallum KJ, Freese J 2013 Variation in the heritability of educational attainment: An international meta-analysis. *Institute for Policy Research*, Northwestern University.
Okbay A et al. 2016 Genome-wide association study identifies 74 loci associated with educational attainment. *Nature* 533: 539–542.
Rindfuss RR, Morgan SP, Offutt K 1996 Education and the changing age pattern of American fertility: 1963–1989. *Demography* 33: 277–290.
Courtiol A, Tropf FC, Mills MC 2016 When genes and environment disagree: Making sense of trends in recent human evolution. *Proc. Natl. Acad. Sci. USA* 113: 7693–7695.
Kong A et al. 2017 Selection against variants in the genome associated with educational attainment. *Proc. Natl. Acad. Sci. USA* 114: E727–E732.

第十二章

Huxley J 1957 *The Transhumanism, New Bottles for New Wines*. Chatto and Windus.
Byk C 2021 Transhumanism: from Julian Huxley to UNESCO. What objective for international action? *European Journal of Bioethics* 23: 141–161.
World Transhumanist Association 1998 *Transhumanist Declaration*.
Cook-Deegan RM 1994 Germ-line gene therapy: Keep the window open a crack. *Politics and the Life Sciences* 13: 217–220.
U.S. Supreme Court. Diamond v. Chakrabarty. 1980 *U S Rep U S Supreme Court* 447: 303–322.
President's Commission for the Study of Ethical Problems in Medicine and Biomedical

Huxley J 1964 *Evolutionary Humanism*. Prometheus Books.
Huxley J 1962 Eugenics in evolutionary perspective. *Nature* 195: 227–228.
Muller HJ 1950 Our load of mutations. *Am. J. Hum. Genet*. 2: 111–176.
Muller HJ 1961 Human evolution by voluntary choice of germ plasm. *Science* 134: 643–649.
Dobzhansky T 1962 *Mankind Evolving: The Evolution of the Human Species*. Yale Univ. Press.
Muller HJ 1961 Review of the Future of Man. *Perspect. Biol. Med*. 4: 377–380.
Lewontin RC 1974 *The Genetic Basis of Evolutionary Change*. Columbia Univ. Press.
Wallace B, Dobzhansky T 1959 *Radiation, Genes, and Man*. Henry Holt.
Muller HJ, Falk DR 1961 Are induced mutations in Drosophial overdominant? I. Experimental design. *Genetics* 46: 727–735.
Muller HJ 1960 Letter to RC King, 19 May. In: *Muller mss., Lilly Library*. Indiana University.
Dobzhansky T 1963 Evolutionary and population genetics. *Science* 142: 1131–1135.
Dobzhansky T 1968 Genetics and the social sciences. In: Glass DC ed. *Genetics*, pp. 129–142. Rockefeller Univ. Press.
Dobzhansky T 1967 Changing man: modern evolutionary biology justifies an optimistic view of man's biological future. *Science* 155: 409–415.
American Eugenic Society 1961 *Princeton Conference, 1st*, Transcript. American Eugenics Society.
Allen G, Kirk D, Scott JR, Shapiro HL, Wallace B 1961 Statement of the eugenic position: By the Special Committee of the Board of Directors American Eugenics Society. *Eugenics Quarterly* 8: 181–184.
Paul D 1987 Our load of mutations, revisited. *J. Hist. Biol*. 20: 321–333.
Beatty J 1987 Weighing the risks: Stalemate in the classical/balance controversy. *J. Hist. Biol*. 20: 289–319.
Ramsden E 2009 Confronting the stigma of eugenics: Genetics, demography and the problems of population. *Social Studies of Science* 39: 853–884.
Wilson EO 1975 *Sociobiology*. Harvard Univ. Press.（坂上昭一 他訳 社会生物学 思索社）
Wilson EO 1978 *On Human Nature*. Harvard Univ. Press.（岸由二 訳 人間の本性について 思索社）

第十一章

Farrall LA 2019(1969) Id.
Mazumdar PMH 1992 Id.
Stern AM 2016 *Eugenic Nation: Faults and Frontiers of Better Breeding in Modern America*. Univ. California Press.
Ziegler M 2008 Eugenic feminism: mental hygiene, the women's movement, and the campaign for eugenic legal reform, 1900–1935. *Harv. JL & Gender* 31: 211–235.
Eby MR 2023 From right to responsibility: Resonance and radicalism in feminist-led reproductive control movements, 1905–1942. *Sociology Lens* 36: 166–184.
Sanger M 1920 *Woman and the New Race*. Brentano's.
Pearson K 1934 In: *Filon LNG Speeches Delivered at a Dinner Held in University College, London in Honour of Professor Karl Pearson* 23 Apr. 1934, privately printed at the University Press Cambridge.
Allen GE 1998 Genetics, eugenics and the medicalization of social behavior: lessons from the past. *Endeavour* 23: 10–19.

89–93.
Klautke E 2016 The Germans are beating us at our own game: American eugenics and the German sterilization law of 1933. *Hist. Human Sci.* 29: 25–43.
Rudolf R 1934 Henry Fairfield Osborn und Senckenberg. *Natur und Volk* 64: 435–439.
Lombardo P The American breed: Nazi eugenics and the origins of the pioneer fund. *Albany Law Review* 65: 743–830.
Fuller Torrey E, Yolken RH 2010 Psychiatric genocide: Nazi attempts to eradicate schizophrenia, *Schizophr. Bull.* 36: 26–32.
Noakes J 1984 Nazism and Eugenics: the background to the Nazi sterilization law of 14 Jul. 1933. In: Bullen RJ et al. eds. *Ideas into Politics: Aspect of European History 1880–1950*. pp. 75–94. Croom Helm.
Miller RJ 2021 Nazi Germany's race laws, the United States, and American Indians. *St. John's Law Review* 94: 751–817.
Crowe DM 2008 *The Holocaust: Roots, History, and Aftermath*. Westview Press.
Noack T, Fangerau H 2007 Eugenics, euthanasia, and aftermath. *Int. J. Ment. Health* 36: 112–124.
Carrel A 1939 *Man, the Unknown*. Harper & Brothers.
Kennedy F 1942 The problem of social control of the congenital defective: Education, sterilization, euthanasia. *Am. J. Psychiatry* 99: 13–16.

第十章

Darwin C 1873 Letter to F Galton. 4 Jan.
Darwin C 1868 Id.
Richards E 1997 Redrawing the boundaries: Darwinian science and Victorian women intellectuals. In: Lightman B ed. *Victorian Science in Context*, pp. 119–142. Univ. Chicago Press.
Galton F 1869 Id.
Fancher RE 1998 Biography and psychodynamic theory: some lessons from the life of Francis Galton. *Hist. Psychol.* 1: 99–115.
Galton DJ 1998 Greek theories on eugenics. *J. Med. Ethics* 24: 263–267.
Plato（translated by R Waterfield）2008 *The Republic*. Oxford Univ. Press.（藤沢令夫 訳 1979 国家 岩波書店）
Aristotle（translated by R Stalley）2007 *The Politics*. Oxford Univ. Press.（山本光雄 訳 1961 政治学 岩波書店）
Verlag FS 2017 Eugenic ideology in the Hellenistic Spartan reforms. *Historia* 66: 258–280.
Roper AG 1913 *Ancient Eugenics*. Blackwell.
Pearson K 1907 Id.
Crew FAE et al. 1939 Social biology and population improvement. *Nature* 144: 521–522.
Penrose L 1954 Editorial note. *Ann. Hum. Genet.* 19: 79.
Broberg G, Roll-Hansen N eds. 2005 *Eugenics and the Welfare State: Norway, Sweden, Denmark, and Finland*. Michigan State Univ. Press.
Butler D 1997 Eugenics scandal reveals silence of Swedish scientists. *Nature* 289: 9.
Koch L 2007 Eugenic sterilisation in Scandinavia. *The European Legacy* 11: 299–309.
旧優生保護法一時金支給法第21条に基づく調査研究報告書 2023.
Weindling P 2012 Julian Huxley and the continuity of eugenics in twentieth-century Britain, *J. Mod. Eur. Hist.* 10: 480–499.
Huxley J 1946 *UNESCO: Its Purpose and Its Philosophy*. UNESCO.

Osborn HF 1927 *Man Rises to Parnassus*. Princeton Univ. Press.
Osborn HF 1926 Why Central Asia? *Nature* 26: 263–269.
Osborn HF 1923 *Approach to the Immigration Problem through Science*. National Industrial Conference Board.
Stillwell D 2021 Eugenics visualized. The exhibit of the third international congress of eugenics, 1932. *Bull. Hist. Med.* 86: 206–236.
Osborn HF 1921 *The Hall of the Age of Man* (Guide leaflet 52). American Museum of Natural History.
Blume H 2000 Ota Benga and the Barnum perplex. In: Lindfors B ed. *Africans on Stage: Studies in Ethnological Show Business*, pp. 188–202. Indiana Univ. Press.
Spiro JS 2009 *Defending the Master Race: Conservation, Eugenics, and the Legacy of Madison Grant*. Univ. Press of New England.
Grant M 1924 The racial transformation of America. *The North American Review* 219: 343–352.
Grant M 1933 *The Conquest of a Continent, or, The Expansion of Races in America*. Scribner's Sons.
Allen C 2013 "Culling the herd": Eugenics and the conservation movement in the United States, 1900–1940. *J. Hist. Biol.* 46: 31–72.
Grant M 1916 *The Passing of the Great Race, or the Racial Basis of European History*. Charles Scribner's Sons.
Osborn HF 1916 Preface. In: Grant M. *The Passing of the Great Race*. pp. vii–ix. Charles Scribner's Sons.
Hitler's letter to Grant, Unpublished autobiography of Leon F. Whitney, written in 1971, Whitney Papers, APS, 204–205. In: Kühl S 1994 *Nazi Connection: Eugenics, American Racism, and German National Socialism*. Oxford Univ. Press.
Morgan TH 1925 *Evolution and Genetics*. Princeton Univ. Press.
Morgan TH 1932 *The Scientific Basis of Evolution*. W. W. Norton.
Allen GE 1978 Id.
Jennings HS 1924 Heredity and environment. *Sci. Mo.* 19: 225–238.
Pearl R 1927 The biology of superiority. *American Mercury* 47: 257–266.
Kevles DJ 1998 *In the Name of Eugenics*. Harvard Univ. Press.
Boas F 1916 Eugenics. *The Scientific Monthly* 3: 471–478.
Leonard TC 2005 Retrospectives: eugenics and economics in the progressive era. *J. Econom. Persp.* 19: 207–222.
Leonard TC 2016 *Illiberal Reformers: Race, Eugenics, and American Economics in the Progressive Era*. Princeton Univ. Press.
Whitman JQ 2017 Id.
Kühl S 1994 *The Nazi Connection: Eugenics, American Racism, and German National Socialism*. Oxford Univ. Press.
Weiss SF 1987 *Race Hygiene and National Efficiency: The Eugenics of Wilhelm Schallmayer*. Univ. California Press.
Zarranz JJ 2018 Id.
Black E 2018 Eugenics and the Nazis, the California connection. In: Obasogie OK, Darnovsky M eds. *Beyond Bioethics, Toward a New Biopolitics*. pp. 52–59. Univ. California Press.
Whitman JQ 2018 Why the Nazis studied American race laws for inspiration. In: Obasogie OK, Darnovsky M eds. *Beyond Bioethics, Toward a New Biopolitics*. pp. 60–62. Univ. California Press.
Anonymous (Loughlin H) 1933 Eugenical sterilization in Germany. *Eugenical News* 18:

Boas F 1917 Inventing a great race. *The New Republic*, 13 Jan.: 305–307.
Boas F 1916 *The Mind of Primitive Man*. Macmillan.
Caspari R 2018 Race, then and now: 1918 revisited. *Am. J. Phys. Anthropol.* 165: 924–938.
Gregory WK 1919 The Galton Society for the study of the origin and evolution of man. *Science* 49: 267–268.
Kevles DJ 1968 Testing the army's intelligence; Psychologists and the military in World War I. *J. Amer. Hist.* 55: 565–581.
Yerkes RM ed. 1921 Psychological examining in the United States Army. *Memoirs of the National Academy of Sciences* 15: 1–890.
Brigham K 1923 *A Study of American Intelligence*. Princeton Univ. Press.
Farber SA 2008 U.S. scientists' role in the eugenics movement (1907–1939): A contemporary biologist's perspective. *Zebrafish* 5: 243–245.
Adams MB, Allen GE, Weiss SF 2005 Human heredity and politics: A comparative institutional study of the Eugenics Record Office at Cold Spring Harbor, the Kaiser Wilhelm Institute for Anthropology, Human Heredity, and Eugenics, and the Maxim Gorky Medical Genetics Institute. *Osiris* 20: 232–262.
Riddle O 1948 Biographical memoirs of Charles Benedict Davenport. *Biographical Memoirs National Academy of Sciences* 25: 75–110.
Laughlin HH 1914 Calculations on the working out of a proposed program of sterilization. In: Robbins EF ed. *Proceedings of the National Conference on Race Betterment*, pp. 478–494. Race Betterment Foundation.
Working Committee, Eugenics Record Office 1914 *Report of the Committee to Study and to Report on the Best Practical Means of Cutting Off the Defective Germ-Plasm in the American Population*. Eugenics Record Office.
Laughlin H 1922 *Eugenical Sterilization in the United States*. Psychopathic Laboratory of the Municipal Court.
Laughlin H 1930 *The Legal Status of Eugenical Sterilization*. Municipal Court of Chicago.
Black E 2003 *War Against the Weak: Eugenics and America's Campaign to Create a Master Race*. Four Walls Eight Windows.
Rose S, Lewontin RC, Kamin LJ 1984 *Not in Our Genes: Biology, Ideology and Human Nature*. Penguin book.
Schrag P 2010 *Not Fit for Our Society: Immigration and Nativism in America*. Univ. California Press.
Schneider W 1982 Toward the improvement of the human Race: the history of eugenics in France. *The Journal of Modern History* 54: 268–291.
Kammerer P 1924 *The Inheritance of Acquired Characteristics*. Boni & Liveright.
Spencer H 1876 Id.
Peet R 1985 The social origins of environmental determinism. *Annals of the Association of American Geographers* 75: 309–333.
Stocking GW 1968 *Race, Culture, and Evolution: Essays in the History of Anthropology*. Free Press.
De Gobineau A 1853–55. *Essai sur L'Inégalité des Races Humaines*. Firmin-Didot.
De Gobineau A (Gaulmier et al. eds.) 1983–87. *Oeuvres*. Gallimard.
Blue G 1999 Gobineau on China: Race theory, the "Yellow Peril", and the critique of modernity. *J. World Hist.* 10: 93–139.
Harvey DA 2014 The lost caucasian civilization: Jean-Sylvain Bailly and the roots of the aryan myth. *Modern Intellectual History* 11: 279–306.
Regal B 2002 Id.

28: 333.
Haldane JBS 1938 *Heredity and Politics*. W. W. Norton.
Huxley J 1937 View on race and eugenics: propaganda or science? *Eugenics Review* 28: 333.
Penrose LS 1933 *Mental Defect*. Sidgwick & Jackson.
Punnett RC 1917 Eliminating feeblemindedness. *J. Hered*. 8: 464–465.
Farrall LA 2019 (1969) Id.
MacNicol J 1989 Eugenics and the campaign for voluntary sterilization in Britain between the wars. *Soc. Hist. Med*. 2: 147–169.
Report of the Departmental Committee on Sterilisation (Brock Report) 1934 HMSO, Cmd 4485, 1934, *Parliamentary Papers* 15.
Hart BW 2012 Watching the 'eugenic experiment' unfold: the mixed views of British eugenicists toward Nazi Germany in the early 1930s. *J. Hist. Biol*. 45: 33–63.
Hart BW, Carr R 2015 Sterilization and the British Conservative party: rethinking the failure of the Eugenics Society's political strategy in the nineteen-thirties. *Hist. Res*. 88: 716–739.

第九章

Carlson EA 2011 The Hoosier connection: compulsory sterilization as moral hygiene. In: Lombardo PA ed. A Century of Eugenics in America. *From the Indiana Experiment to the Human Genome Era*. Indiana Univ. Press.
Miller L 2020 *Why Fish Don't Exist, A Story of Loss, Love, and the Hidden Order of Life*. Simon & Schuster.
The Advisory Committee on Renaming Jordan Hall and Removing the Statue of Louis Agassiz 2020 Stanford University.
Jordan DS 1902 *The Blood of the Nation*. American Unitarian Association.
Jordan DS 1898 *Imperial Democracy*. Harper & Row.
Jordan DS 1899 Anti-imperialism. San Francisco Call 85, no. 60. 29 Jan.
Jordan DS 1912 Relations of Japan and the United States. *The Journal of Race Development* 2: 215–223.
Bellhouse DR 2009 Id.
Rosenberg C 1961 Charles Benedict Davenport and the beginning of human genetics. *Bull. Hist. Med*. 35: 266–276.
Davenport C 1910 *Eugenics, The Science of Human Improvement by Better Breeding*. Henry Holt.
Allen GE 1986 The eugenics record office at Cold Spring Harbor, 1910–1940: an essay in institutional history. *Osiris* 2: 225–264.
McKinnon S 2021 The American Eugenics Record Office. *Social Analysis* 65: 23–48.
Shotwell M 2021 The misuse of pedigree analysis in the eugenics movement. *Am. Biol. Teach*. 83: 80–88.
Davenport C 1911 *Heredity in Relation to Eugenics*. Henry Holt.
Davenport C 1917 Effects of race intermingling. *Proc. Amer. Philosop. Soc*. 56: 364–368.
Winther RG 2019 A beginner's guide to the new population genomics of Homo sapiens: origins, race, and medicine. *Harvard Rev. Philos*. 25: 1–18.
Byeon YJ et al. 2021 Evolving use of ancestry, ethnicity, and race in genetics research—A survey spanning seven decades. *Am. J. Hum. Genet*. 108: 2215–2223.
Boas F 1912 Changes in the bodily form of descendants of immigrant. *Ame. Anthropol. N. S*. 14: 530–562.

Pearson K 1914 The eugenics education society. *Nature* 92: 606.
Louçã F 2009 Emancipation through interaction—how eugenics and statistics converged and diverged. *J. Hist. Biol.* 42: 649–684.
Mazumdar PMH 1992 *Eugenics, Human Genetics and Human Failings: The Eugenics Society, Its Sources and Its Critics in Britain*. Routledge.

第八章

Fisher RA 1912 Social Selection. *Sixth undergraduate meeting of the Cambridge University Eugenics Society*, 13 Mar.
Darwin L 1912 The presidential address, delivered by Major Leonard Darwin: The first International Eugenics Congress. *Nature* 89: 558–561.
Darwin L 1924 The future of our race heredity and social progress. *The Eugenics Review* 60: 99–108.
Darwin L 1926 *The Need for Eugenic Reform*. J. Murray.
Durst DL 2017 *Eugenics and Protestant Social Reform: Hereditary Science and Religion in America 1860–1940*. Wipf & Stock.
Fisher RA 1930 Id.
Box JF 1978 Id.
Fisher RA 1911 Heredity (comparing methods of biometry and Menderism). *Second undergraduate meeting of the Cambridge University Eugenics Society*, 10 Nov.
Haldane JBS 1924 *Daedalus, or, Science and the Future*. E. P. Dutton & Company.
Huxley J 1931 The vital importance of eugenics. *Harper's Month. Mag.* 163: 324–331.
Kevles DJ 1999 Eugenics and human rights. *Br. Med. J.* 319: 435–438.
Bodmer et al. 2021 The outstanding scientist, R. A. Fisher: his views on eugenics and race. *Heredity* 126: 565–576.
Kidd B 1918 *The Science of Power*. G. P. Putnam's Sons.
Bateson W 1905 Heredity in the physiology of nations. *The Speaker*, 14 Oct.
Bateson W 1909 Heredity and variation in modern lights. In: Seward AC ed. *Darwin and Modern Science*. pp. 85–101. Cambridge Univ. Press.
Bateson W 1912 *Biological Fact and the Structure of Society: The Herbert Spencer Lecture*. Clarendon Press.
Kevles DJ 1978 *Genetics in the United States and Great Britain 1890 to 1930: Queries and Speculations. Humanities Working Paper, 15*. California Institute of Technology.
Lipset D 2005 Author and hero—Rereading Gregory Bateson: The legacy of a scientist. *Anthropol. Quart.* 78: 899–914.
Dickinson WH 1908 Royal commission on the care and control of the feeble-minded. *Charity Organisation Review N. S.* 25: 238–252.
Pearl R 1912 The first International Eugenics Congress. *Science* 36: 395–396.
Anonymous 1912 First International Eugenics Congress. *Br. Med. J.* 2: 253–255.
Gilbert M 2009 *Churchill*. Random House.
The Times 1912 The case of the feeble-minded. 18 May.
Guardian 1912 Protection of the feeble-minded. 18 May.
Anonymous 1912 The feeble-minded control bill. *Eugenics Review* 4: 108–109.
Feeble-Minded Persons (Control) Bill. 1912 May, vol. 38., Jun., vol. 39.
Lecane P 2015 *Beneath a Turkish Sky: The Royal Dublin Fusiliers and the Assault on Gallipoli*. The History Press.
Mulvey P 2007 Individualist thought and radicalism. *J. Liberal History* 56: 26–33.
Crew FAE 1919 A biologist in a new environment. *Eugenics Review* 11: 119–123.
Haldane JBS 1937 View on race and eugenics: propaganda or science? *Eugenics Review*

Suuberg A 2020 Buck v. Bell, American eugenics, and the bad man test: Putting limits on newgenics in the 21st century. *Law and Inequality: Journal of Theory and Practice* 38: 115–134.
Liscum M, Garcia ML 2022 You can't keep a bad idea down: Dark history, death, and potential rebirth of eugenics. *Anat. Rec.* 305: 902–937.
Hitler A 1925 *Mein Kampf*. Franz Eher Nachfolger GmbH.（平野一郎・将積茂 訳 わが闘争, 上下 角川書店）
Whitman JQ 2017 *Hitler's American Model: The United States and the Making of Nazi Race Law*. Princeton Univ. Press.
Zarranz JJ 2018 Eugenics and euthanasia: the slippery slope crossing the Atlantic. *Neurosciences and History* 6: 144–152.
Hitler A (Weinberg G ed.) 2003 *Hitler's Second Book: The Unpublished Sequel to Mein Kampf*. Enigma.
Dietrich O 1957 *The Hitler I Knew*. Methuen.
Weikart R 2004 *From Darwin to Hitler: Evolutionary Ethics, Eugenics, and Racism in Germany*. Macmillan.
Weikart R 2009 *Hitler's Ethic: The Nazi Pursuit of Evolutionary Progress*. Palgrave Macmillan.
Galton F 1883 *Inquiries into Human Faculty and Its Development*. Macmillan.
Galton F 1865 Hereditary character and talent I. *Macmillan's Magazine* 12: 157–166.
Galton F 1904 Eugenics: its definition, scope, and aims. *Am. J. Sociol.* 10: 1–25.
Galton F 1901 The possible improvement of the human breed under the existing conditions of law and sentiment. *Nature* 64: 659–665.
Galton DJ, Galton CJ 1998 Francis Galton: and eugenics today. *J. Med. Ethics* 24: 99–105.
Burt C 1909 Experimental tests of general intelligence. *Br. J. Psychol.* 3: 94–177.
Terman LM 1916 *The Measurement of Intelligence: An Explanation of and a Complete Guide for the Use of the Stanford Revision and Extension of the Binet-Simon Intelligence Scale*. Houghton Mifflin.
Terman LM 1917 The intelligence quotient of Francis Galton in childhood. *Am. J. Psychol.* 28: 209–215.
Farrall LA 2019 (1969) *The Origins and Growth of the English Eugenics Movement, 1865–1925*. Garland Publishing. UCL Department of Science and Technology Studies (STS). STS Occasional Papers 9.
Gillham NW 2001 Id.
Pearson K 1930 Id.
Pearson K 1907 *The Scope and Importance to the State of the Science of National Eugenics*. Henry Frowde.
Norton BJ 1978 Karl Pearson and statistics: The social origins of scientific innovation. *Sociology of Mathematics* 8: 3–34.
Delzell DAP, PoliakKarl CD 2013 Pearson and eugenics: personal opinions and scientific rigor. *Sci. Eng. Ethics* 19: 1057–1070.
Pearson K, Moul M 1925 The problem of alien immigration into Great Britain, illustrated by an examination of Russian and Polish Jewish children: Part I, II. *Annals of Eugenics* 1: 5–54, 56–127.
Schaffer G 2008 Assets or aliens? Race science and the analysis of Jewish intelligence in inter-war Britain. *Patterns of Prejudice* 42: 191–207.
Pearson K 1912 *Darwinism, Medical Progress and Eugenics*. The Cavendish Lecture. An Address to the Medical Profession.

Anonymous 1904 Zoology at the British Association. *Nature* 70: 538–541.
Bateson W 1905 Letter to A. Sedgwick, 18 Apr.
Royal Horticultural Society 1907 Report of the Third International Conference 1906 on Genetics.
Pence CH 2011 Describing our whole experience: The statistical philosophies of W. F. R. Weldon and Karl Pearson. *Studies in History and Philosophy of Biological and Biomedical Sciences* 42: 475–485.
Pearson K 1892 *The Grammar of Science*. Walter Scott.
Bateson W 1902 *Mendel's Principles of Heredity: A Defense*. Cambridge Univ. Press.
Yule GU 1906 On the theory of inheritance of quantitative compound characters on the basis of Mendel's laws—A preliminary note. *Report of the Conference on Genetics*: 140–142.
Pearson K 1909 The theory of ancestral contributions of a Mendelian population mating at random. *Proc. R. Soc. Lond.* 81: 225–229.
Nilsson-Ehle H 1909 Kreuzungsuntersuchungen an hafer und Weizen. *Lunds Universitets Arsskrift* 7: 280–291.
Johannsen W 1909 *Elemente der Exakten Erblichkeitslehre*. G. Fischer.
Hardy GH 1908 Mendelian proportions in a mixed population. *Science* 28: 49–50.
Weinberg W 1908 Über den Nachweis der Vererbung beim Menschen. *Jahresh. Wuertt. Ver. vaterl. Natkd.* 64: 369–382.
Fisher RA 1918 The correlation between relatives on the supposition of Mendelian inheritance. *Trans. R. Soc. Edinb.* 53: 399–433.
Norton B, Pearson ES 1976 A note on the background to, and refereeing of, R. A. Fisher's 1918 paper 'On the correlation between relatives on the supposition of Mendelian inheritance'. *Notes Rec. R. Soc. Lond.* 31: 151–162.
Fisher RA 1930 *The Genetical Theory of Natural Selection*. Clarendon Press.
Huxley J 1942 *Evolution, the Modern Synthesis*. George Allen & Unwin.
Moran PAP, Smith CAB 1966 *Commentary on R. A. Fisher's Paper on the Correlation between Relatives on the Supposition of Mendelian Inheritance*. Cambridge Univ. Press.
Falconer DS, Mackay TFC 1996 *Introduction to Quantitative Genetics* (4th ed.). Longman.
Box JF 1978 *R. A. Fisher, The Life of a Scientist*. Wiley.
Serpente N 2016 More than a mentor: Leonard Darwin's contribution to the assimilation of Mendelism into eugenics and Darwinism. *Journal of the History* 49: 461–494.
Bennett JH 1983 *Natural Selection Heredity and Eugenics*. Clarendon Press.
Meloni M 2016 The transcendence of the social: Durkheim, Weismann, and the purification of sociology. *Front. Sociol.* 1: 11.
Ward LF 1891 The transmission of culture. *Forum* 11: 312–319.

第七章

Blackburn B 2021 Cited at Nuremberg: The American eugenics movement, its influence abroad, the Buck v. Bell decision, and the subsequent bioethical implications of the holocaust. *Bound Away: The Liberty Journal of History* 4: 1.
Buck v. Bell, 274 U.S. 200, 1927.
Lombardo P 2008 *Three Generations, No Imbeciles: Eugenics, the Supreme Court, and Buck v. Bell*. Johns Hopkins Univ. Press.
Appleman LI 2018 Deviancy, dependency, and disability: The forgotten history of eugenics and mass incarceration. *Duke Law Journal* 68: 417–478.

Weldon WFR 1894 The study of animal variation. *Nature* 50: 25–26.
Correspondence Regarding William Bateson's Criticism of Walter Weldon's Paper on Crabs. 1896–1897. Univ. College London.
Bateson W 1895 The origin of the cultivated Cineraria. *Nature* 52: 29, 103–104.
Weldon WFR 1895 The origin of the cultivated Cineraria. *Nature* 52: 54, 104, 129.
Henig RM 2000 *The Monk in the Garden: The Lost and Found Genius of Gregor Mendel, the Father of Genetics*. Houghton Mifflin.
Weldon WFR 1895 An attempt to measure the death-rate due to the selective destruction of Carcinus maenas with respect to a particular dimension. *Proc. R. Soc. Lond.* 57: 360–379.
Weldon WFR 1898. Natural selection in the shore crab, Carcinus maenas. *Rep. Brit. Ass. Sri., Bristol, D* 887–902.
Porter TM 2010 *Karl Pearson: The Scientific Life in a Statistical Age*. Princeton Univ. Press.
Walkowitz JR 1986 Science, feminism and romance: The Men and Women's Club 1885–1889. *History Workshop Journal* 21: 37–59.
Pearson K 1888 *The Ethic of Freethought*. T. Fisher (reproduced from Pearson's lecture, 1884 Socialism in Theory and Practice).
Magnello ME 2009 Karl Pearson and the establishment of mathematical statistics. *International Statistical Review* 77: 3–29.
Pearson K 1896 Mathematical contributions to the theory of evolution, III: regression, heredity and panmixia. *Phil. Trans. R. Soc. Lond. A* 187: 253–318.
Pearson K 1900 On the criterion that a given system of deviations from the probable in the case of a correlated system of variables is such that it can be reasonably supposed to have arisen from random sampling. *London Edinburgh Dublin Philos. Mag. J. Sci.* 50: 157–175.
Pearson K 1901 On lines and planes of closest fit to systems of points in space. *Philosophy Magazine* 2: 559–572.
Galton F 1888 Co-relations and their measurement, chiefly from anthropological data. *Proc. R. Soc. Lond.* 45: 135–145.
Pearson K 1891 Ether squirts. Being an attempt to specialize the form of ether motion, which forms an atom in a theory propounded in former papers. *Amer. J. Math.* 13: 309–362.
Bellhouse DR 2009 Karl Pearson's influence in the United States. *Int. Stat. Rev.* 77: 51–63.
Mendel G 1866 Versuche über Pflanzen-Hybriden. *Verhandlungen des Naturforschenden Vereines in Brünn* 4: 3–47.
de Vries H 1900 Das Spaltungsgesetz der Bastarde. *Berichte der Deutschen Botanischen Gesellschaft* 18: 83–90.
Bateson W 1901 Problems of heredity as a subject for horticultural investigation. *J. R. Hortic. Soc.* 25: 54–61.
Bateson W, Saunders ER, Punnett RC 1905 Experimental studies in the physiology of heredity. *Reports to Evol. Comm. Royal Soc.* 2: 1–131.
Bateson W 1904 Presidential address to Section D (Zoology) of the British Association, Cambridge.
Punnett RC 1950 Early day of genetics. *Heredity* 4: 1–10.
Bateson W 1905 Address by William Bateson, M. A., F. R. S., President of the section. In: *Report of the Seventy-Fourth Meeting of the British Association for the Advancement of Science Held at Cambridge in August 1904*, pp. 574–589. J. Murray.

Pearson K 1924 *The Life, Letters, and Labours of Francis Galton, Vol. II: Researches of Middle Life*. Cambridge Univ. Press.
Pearson K 1930 *The Life, Letters, and Labours of Francis Galton, Vol. IIIA: Correlation, Personal Identification, and Eugenics*. Cambridge Univ. Press.
Galton F 1863 *Meteorographica*. Macmillan.
The Times 1875 Weather Chart, 31 Mar.
Galton F 1892 *Fingerprints*. Macmillan.
Galton F 1879 Psychometric experiments. *Brain* 2: 149–162.
Galton F 1855 *The Art of Travel*. Murray.
Galton F 1906 Cutting a round cake on scientific principles. *Nature* 75: 173.
Galton F 1885 The measure of fidget. *Nature* 32: 174–175.
Galton F 1872 Statistical inquiries into the efficacy of prayer. *Fortnightly Rev.* 12: 125–135.
Galton F 1865 Hereditary talent and character. *Macmillan's Mag.* 12: 157–166, 318–327.
Galton F 1869 *Hereditary Genius*. Macmillan.
Darwin C 1869 Letter to F. Galton, 3 Dec.
Provine W 1971 *The Origins of Theoretical Population Genetics*. Univ. Chicago Press.
Galton F 1871 Experiments in pangenesis, by breeding from rabbits of a pure variety, into whose circulation blood taken from other varieties had previously been largely transfused. *Proc. R. Soc.* 19: 393–410.
Darwin C 1871 Pangenesis. *Nature* 3: 502–503.
Galton F 1877 Typical laws of heredity, *Nature* 15: 492–495, 512–514, 532–533.
Galton F 1897 The average contribution of each of several ancestors to the total heritage of the offspring. *Proc. R. Soc. Lond.* 61: 401–413.
Galton F 1885 Regression towards mediocrity in hereditary stature. *J. Anthropol. Inst.* 15: 246–263.
Krashniak A, Lamm E 2021 Francis Galton's regression towards mediocrity and the stability of types. *Stud. Hist. Phil. Sci. A* 81: 6–19.
Galton F 1889 *Natural Inheritance*. Macmillan.
Farrall LA 1975 Controversy and conflict in science: A case study—the English biometric school and Mendel's laws. *Social Studies of Science* 5: 269–301.
Richmond ML 2001 Women in the early history of genetics: William Bateson and the Newnham College, Mendelians, 1900–1910. *Isis* 92: 55–90.
Bateson W, Saunders ER 1902 Experimental studies in the physiology of heredity. *Reports of the Evolution Committee of the Royal Society, Report I*. Cambridge Univ. Press.
Weldon WFR 1890 The variations occurring in certain decapod Crustacea I. Cragnon vulgaris. *Proc. R. Soc. Lond.* 47: 445–453.
Weldon WFR 1893 On certain correlated variations in *Carcinus mœnas*. *Proc. R. Soc. Lond.* 54: 318–329.
Pearson K 1894 Contributions to the mathematical theory of evolution. *Phil. Trans. R. Soc. Lond. A* 185: 71–110.
Magnello NE 1996 Karl Pearson's Gresham lectures: W. F. R. Weldon, speciation and the origins of Pearsonian statistics. *Brit. J. Hist. Sci.* 29: 43–63.
Olby R 1989 The dimensions of scientific controversy: the biometric—Mendelian debate. *Br it. J. Hist. Sci.* 22: 299–320.
Bateson W 1894 *Materials for the Study of Variation Treated With Especial Regard to Discontinuity in the Origin of Species*. Macmillan.

Osborn HF 1905 Tyrannosaurus and other Cretaceous carnivorous dinosaurs. *Bull. Amer. Mus. Nat. Hist.* 21: 259–265.
Rainger R 2004 *An Agenda for Antiquity: Henry Fairfield Osborn and Vertebrate Paleontology at the American Museum of Natural History. 1890–1935*. Univ. Alabama Press.
Regal B 2002 *Henry Fairfield Osborn: Race and the Search for the Origins of Man*. Routledge.
Osborn HF 1895 The hereditary mechanism and the search for the unknown factors of evolution. In: *Biological Lectures Delivered at the Marine Biological Laboratory of Wood's Holl in the Summer of 1894*. pp. 79–100. Ginn & Company.
Cook GM 1999 Neo-Lamarckian experimentalism in America: Origins and consequences. *The Quart. Rev. Biol.* 74: 417–437.
Sumner FB 1932 Genetic, distributional, and evolutionary studies of the subspecies of deer mice (*Peromyscus*). *Bibliographia Genetica* 9: 1–106.
Davenport C 1899 *Experimental Morphology*. Macmillan.
Davenport C 1901 Zoology of the twentieth century. *Science* 14: 315–324.
Witkowski JA, Inglis JR eds. 2008 *Davenport's Dream: 21st Century Reflections on Heredity and Eugenics*. Cold Spring Harbor Laboratory Press.
Allen GE 1978 *Thomas Hunt Morgan*. Princeton Univ. Press.
駒井卓 1924 東米一巡. コロンビア大学 *動物学雑誌* 36: 42–44.
Morgan TH 1910 Sex-limited inheritance in Drosophila. *Science* 32: 120–122.
Morgan TH 1911 Random segregation versus coupling in Mendelian inheritance. *Science* 34: 384.
Morgan TH, Sturtevant AH, Bridges CB 1915 *The Mechanism of Mendelian Heredity*. Holt.
Muller HJ 1927 Artificial transmutation of the gene. *Science* 46: 84–87.
Gliboff S 2006 The case of Paul Kammerer: evolution and experimentation in the early twentieth century. *J. Hist. Biol.* 39: 525–536.
Dobzhansky T 1932 On the sterility of the interracial hybrids in *Drosophila pseudoobscura*. *Proc. Natl. Acad. Sci. USA* 19: 397–403.
Dobzhansky T, Beadle GW 1936 Studies on hybrid sterility IV. Transplanted testes in *Drosophila pseudoobscura*. *Genetics* 21: 832–840.
Dobzhansky T, Sturtevant AH 1938 Inversions in the chromosomes of *Drosophila pseudoobscura*. *Genetics* 23: 28–64.
Dobzhansky T 1935 A critique of the species concept in biology. *Phil. Sci.* 2: 344–355.
Dobzhansky T 1934 Studies on hybrid sterility. I. Spermatogenesis in pure and hybrid *Drosophila pseudoobscura. Zeitschrift für Zellforschung und mikroskopische Anatomie* 21: 169–221.
Muller HJ 1942 Isolating mechanisms, evolution, and temperature. *Biological Symposium* 6: 71–125.
Dobzhansky TH 1937 *Genetics and the Origin of Species*. Columbia Univ. Press.
Wright S 1932 The roles of mutation, inbreeding, crossbreeding and selection in evolution. In: *Proceedings of the Sixth International Congress of Genetics* 1: 356–366.

第六章

Gillham NW 2001 *A Life of Sir Francis Galton: From African Exploration to the Birth of Eugenics*. Oxford Univ. Press.
Pearson K 1914 *The Life, Letters, and Labours of Francis Galton, Vol. I: Birth 1822 to Marriage 1853*. Cambridge Univ. Press.

Persson I, Savulescu J 2012 *Unfit for the Future: The Need for Moral Enhancement*. Oxford Univ. Press.
Savulescu J 2005 New breeds of humans: the moral obligation to enhance. *Reprod. Biomed.* Online Suppl 1: 36–39.
Savulescu J 2016 Genetic interventions and the ethics of enhancement of human beings. *Gazeta de Antropología* 32: 7.
Keller MC, Visscher PM 2015 Genetic variation links creativity to psychiatric disorders. *Nat. Neurosci.* 18: 928–929.
Mill JS 1873 *Autobiography*. Longmans.

第五章

Osborn HF 1894 The discussion between Spencer and Weismann. *Psychological Review* 1: 312–315.
Weismann A 1883 *Über die Vererbung. Ein Vortrag*. G. Fischer.
Weismann A 1885 *Die Continuitat des Keimplasmas als Grundlage einer Theorie der Vererbung*. G. Fischer.
Weismann A 1886 *Die Bedeutung der Sexuellen Fortpflanzung fur die Selektionstheorie*. G. Fischer.
Weismann A 1893. *Die Allmacht der Naturzuchtung. Eine Erwiderungan Herbert Spencer*. G. Fischer.
Spencer H 1893 The inadequacy of natural selection. *Contemporary Review* 63: 153–166, 439–456.
Spencer H 1893 Professor Weismann's theories. *Contemporary Review* 63: 743–760.
Spencer H 1893 The Spencer-Weismann controversy. *Contemporary Review* 64: 54.
Weismann A 1893 The all-sufficiency of natural selection. *Contemporary Review* 64: 309–338, 596–610.
Spencer H 1893 A rejoinder to Professor Weismann. *Contemporary Review* 64: 893–912.
Spencer H 1894 Weismannism once more. *Contemporary Review* 66: 592–608.
Cahan SH, Vinson SB 2003 Reproductive division of labor between hybrid and nonhybrid offspring in a fire ant hybrid zone. *Evolution* 57: 1562–1570.
Matsuura K et al. 2009 Queen succession through asexual reproduction in termites. *Science* 323: 1687.
Romanes GJ 1888 Lamarckism versus Darwinism. *Nature* 38: 413.
Romanes GJ 1889 Mr. Wallace on Darwinism. *Contemporary Review* 56: 244–258.
Wallace A 1889 *Darwinism*. Macmillan.
Butler S 1880 *Unconscious Memory*. David Bogue.
Bailey LH 1894 Neo-Lamarckism and Neo-Darwinism. *Amer. Nat.* 28: 661–678.
Jordan DS 1922 *The Days of a Man*. World Book Co.
Jordan DS 1905 The origin of species through isolation. *Science* 22: 545–562.
Packard A 1885 Introduction. In: Kingsley JS ed. *The Standard Natural History*, pp. 1–71. S. E. Cassino & Co.
Bowler PJ 1977 Edward Drinker Cope and the changing structure of evolutionary theory. *Isis* 68: 249–265.
Campbell JA, Livingstone DN 1983 Neo-Lamarckism and the development of geography in the United States and Great Britain. *Trans. Inst. British Geogr.* 8: 267–294.
Osborn HF 1922 Orthogenesis as observed from paleontological evidence beginning in the year 1889. *Amer. Nat.* 56: 134–143.
Osborn HF 1902 The law of adaptive radiation. *Amer. Nat.* 36: 353–363.

Buchanan A, Powel R 2015 The limits of evolutionary explanations of morality and their implications for moral progress. *Ethics* 126: 37–67.
Li D et al. 2023 Oxtocin-receptor gene modalates reward network connection and relationship with empathy performance. *Psychol. Res. Behav. Mang.* 16: 85–94.
Bago B et al. 2022 Situational factors shape moral judgments in the trolley dilemma in Eastern, Southern, and Western countries in a culturally diverse sample. *Nat. Hum. Behav.* 6: 880–895.
van Ijzendoorn MH, Bakermans-Kranenburg MJ, Pannebakker F, Out D 2010 In defence of situational morality: genetic, dispositional and situational determinants of children's donating to charity. *J. Moral Edu.* 39: 1–20.
Ellemers N, van der Toorn J, Paunov Y, van Leeuwen T 2019 The psychology of morality: A review and analysis of empirical studies published from 1940 through 2017. *Per. Soc. Psy. Rev.* 23: 332–366.
Brunner HG, Nelen M, Breakefield XO, Ropers HH, Van Oost BA 1993 Abnormal behavior associated with a point mutation in the structural gene for monoamine oxidase A. *Science* 262: 578–580.
Piton A et al. 2014 20 ans après: a second mutation in MAOA identified by targeted high-throughput sequencing in a family with altered behavior and cognition. *Eur. J. Hum. Genet.* 22: 776–783.
Mentis AFA et al. 2021 From warrior genes to translational solutions: novel insights into monoamine oxidases (MAOs) and aggression. *Transl. Psychiatry* 11: 130.
Callaway E 2017 New concerns raised over value of genome-wide disease studies. *Nature* 546: 463.
Boyle EA, Li YI, Pritchard JK 2017 An expanded view of complex traits: from polygenic to omnigenic. *Cell* 169: 1177–1186.
McDade TW et al. 2019 Genome-wide analysis of DNA methylation in relation to socioeconomic status during development and early adulthood. *Am. J. Phys. Anthropol.* 169: 3–11.
Bonomi L, Huang Y, Ohno-Machado L 2020 Privacy challenges and research opportunities for genomic data sharing. *Nat. Genet.* 52: 646–654.
Samlali K, Thornbury M, Venter A 2020 Community-led risk analysis of direct-to-consumer whole-genome sequencing. *Biochem. Cell Biol.* 100: 499–509.
Cyranoski D 2019 The CRISPR-baby scandal: what's next for human gene-editing. *Nature* 66: 440–442.
Dewdney C 1998 *Last Flesh: Life in the Transhuman Era*. Harper Collins.
Kurzweil R 2005 *The Singularity is Near: When Humans Transcend Biology*. Penguin Books.
Harris J 2007 *Enhancing Evolution: The Ethical Case for Making Better People*. Princeton Univ. Press.
Allhoff F 2008 Germ-line genetic enhancement and Rawlsian primary goods. *J. Evol. Technol.* 18: 10–26.
Savulescu J, Bostrom N eds. 2009 *Human Enhancement*. Oxford Univ. Press.
Takhar J, Houston HR, Dholakia N 2022 Live very long and prosper? Transhumanist visions and ambitions in 2021 and beyond. *J. Mark. Manag.* 38: 399–422.
National Academy of Sciences 2017 *Human Genome Editing: Science, Ethics, and Governance*. The National Academies Press.
Ross B 2020 *The Philosophy of Transhumanism*. Emerald Publishing.
Sandel MJ 2004 *The Case Against Perfection*. The Atlantic April.
Mill JS 1859 *On Liberty*. J. W. Parker & Son.

evolution in elephant and human ancestries. *Proc. Natl. Acad. Sci. USA* 106: 20824–20829.
Horn L, Scheer C, Bugnyar T, Massen JJM 2016 Proactive prosociality in a cooperatively breeding corvid, the azure-winged magpie (*Cyanopica cyana*). *Biol. Lett.* 12: 20160649.
Curry OS, Alfano M, Brandt MJ, Pelican C 2021 Moral molecules: morality as a combinatorial system. *Rev. Phil. Psychol.* 13: 1039–1058.
Cofnas N 2023 How gene–culture coevolution can—but probably did not—track mind-independent moral truth. *The Phil. Quart.* 73: 414–434.
Hunter P 2010 The basis of morality. *EMBO report* 11: 166–169.
Massen JM 2020 Studying the evolution of cooperation and prosociality in birds. *Ethology* 126: 121–124.
Haley SM, Bugnyar T 2020 Azure-winged magpies' decisions to share food are contingent on the presence or absence of food for the recipient. *Sci. Rep.* 10: 16147.
Ashton BJ, Ridley AR, Edwards EK, Thornton A 2018 Cognitive performance is linked to group size and affects fitness in Australian magpies. *Nature* 554: 364–367.
Joyce R 2005 *The Evolution of Morality*. MIT Press.
Enoch D 2011 *Taking Morality Seriously*. Oxford Univ. Press.
Moore GE 1903 *Principia Ethica*. Cambridge Univ. Press.
FitzPatrick WJ 2017 Human altruism, evolution and moral philosophy. *R. Soc. Open Sci.* 4: 170441.
Rachels J, Rachels S 2019 *The Elements of Moral Philosophy* (9th ed.). McGraw Hill.
Kohlberg L 1981 *Essays on Moral Development, vol. 1: The Philosophy of Moral Development*. Harper & Row.
Kohlberg L 1984 *Essays on Moral Development, vol. 2: The Psychology of Moral Development*. Harper & Row.
Haidt J 2001 The emotional dog and its rational tail: A social intuitionist approach to moral judgement. *Psychol. Rev.* 108: 814–834.
Haidt J 2012 *The Righteous Mind: Why Good People Are Divided by Politics and Religion*. Allen Lane.
Boyd R, Richerson PJ 1985 *Culture and the Evolutionary Process*. Univ. Chicago Press.
Richerson PJ, Boyd R 2005 *Not by Genes Alone: How Culture Transformed Human Evolution*. Univ. Chicago Press.
Boyd R 2017 *A Different Kind of Animal: How Culture Transformed Our Species*. Princeton Univ. Press.
Laland KN 2017 *Darwin's Unfinished Symphony: How Culture Made the Human Mind*. Princeton Univ. Press.
Blackmore S 1999 *The Meme Machine*. Oxford Univ. Press.
Uffelmann E et al. 2021 Genome-wide association studies. *Nat. Rev. Methods Primers* 1: 59.
Zwir I et al. 2022 Evolution of genetic networks for human creativity. *Molecular Psychiatry* 27: 354–376.
Speer SPH, Smidts A, Boksem MAS 2020 Cognitive control increases honesty in cheaters but cheating in those who are honest. *Proc. Natl. Acad. Sci. USA* 117: 19080–19091.
Greene JD 2014 Beyond point-and-shoot morality: why cognitive (neuro) science matters for ethics. *Ethics* 124: 695–726.
Bernhard RM et al. 2016 Variation in the oxytocin receptor gene (OXTR) is associated with differences in moral judgment. *Soc. Cogn. Affect. Neurosci.* 11: 1872–1881.

Milner R 1990 Darwin for the prosecution, Wallace for the defense, Part I & II. *North Country Naturalist* 2: 19–35, 37–50.
Wallace A 1905 Letter to C. Cockerell. 17 Dec.
Lankester ER 1910 Heredity and the direct action of the environment. *The Nineteenth Century and After* 68: 483–491.
Dugatkin LA 2011 *The Prince of Evolution: Peter Kropotkin's Adventures in Science and Politics*. CreateSpace Publishing.
Todes DP 1987 Darwin's Malthusian metaphor and Russian evolutionary thought, 1859–1917. *Isis* 78: 537–551.
Todes DP 1989 *The Struggle for Existence in Russian Evolutionary Thought*. Oxford Univ. Press.
Nicolosi R 2020 The Darwinian rhetoric of science in Petr Kropotkin's Mutual Aid. A factor of evolution (1902). *Berichte zur Wissenschaftsgeschichte* 43: 141–159.
Adams MS 2011 Kropotkin: Evolution, revolutionary change and the end of history. *Anarchist Studies* 19: 56–81.
Haldane JBS 1932 *The Causes of Evolution*. Longmans Green.
Haldane JBS 1955 Population genetics. *New Biology* 18: 34–51.
Hamilton WD 1963 The evolution of altruistic behavior. *American Naturalist* 97: 354–356.
Hamilton WD 1964 The genetical evolution of social behaviour I, II. *J. Theor. Biol.* 7: 1–52.
Hamilton WD 1970. Selfish and spiteful behaviour in an evolutionary model. *Nature* 228: 1218–1219.
Trivers RL 1971 The evolution of reciprocal altruism. *Quart. Rev. Biol.* 46: 35–57.
Wilkinson GS 1984 Reciprocal food sharing in the vampire bat. *Nature* 308: 181–184.
Carter GG, Wilkinson GS 2013 Food sharing in vampire bats: reciprocal help predicts donations more than relatedness or harassment. *Proc. R. Soc. B Biol. Sci.* 280: 20122573.
Carter GG, et al. 2020 Development of new food-sharing relationships in vampire bats. *Current Biology* 30: 1275–1279.
Schweinfurth MK, Aeschbacher J, Santi M, Taborsky M 2019 Male Norway rats cooperate according to direct but not generalized reciprocity rules. *Animal Behavior* 152: 93–101.
Nowak MA, Sigmund K 1998 Evolution of indirect reciprocity by image scoring. *Nature* 393: 573–577.
Axelrod R, Hamilton WD 1981 The evolution of cooperation. *Science* 211: 1390–1396.
Axelrod R 1984 *The Evolution of Cooperation*. Basic Books.
Shelton DE, Michod RE 2020 Group and individual selection during evolutionary transitions in individuality: meanings and partitions. *Phil. Trans. R. Soc. Lond. B Biol. Sci.* 375: 20190364.
De Vargas Roditi L, Boyle KE, Xavier JB 2013 Multilevel selection analysis of a microbial social trait. *Mol. Syst. Biol.* 9: 684.
Kramer J, Meunier J 2016 Kin and multilevel selection in social evolution: a never-ending controversy? *F1000Res.* 5: F1000.
Murphy GP, Swanton CJ, Van Acker RC, Dudley SA 2017 Kin recognition, multilevel selection and altruism in crop sustainability. *J. Ecol.* 105: 930–934.
Griffin AS, West SA, Buckling A 2004 Cooperation and competition in pathogenic bacteria. *Nature* 430: 1024–1027.
Goodman M et al. 2009 Phylogenomic analyses reveal convergent patterns of adaptive

Bowler PJ 1988 *The Non-Darwinian Revolution: Reinterpreting a Historical Myth*. Johns Hopkins Univ. Press.
Lightman B 2010 Darwin's major contribution to biology, his theory of natural selection. *Notes Rec. R. Soc.* 64: 5–24.
Bodington A 1890 *Studies in Evolution and Biology*. Elliot Stock.
Anonymous 1891 Mrs. Bodington on evolution. *Amer. Nat.* 25: 647–648.
Fiske J 1884 *The Destiny of Man, Viewed in the Light of His Origin*. Houghton Mifflin.
Darwin C 1874 Letter to J Fiske, 8 Dec.
Wallace A 1889 *Darwinism. An Exposition of the Theory of Natural Selection with Some of Its Applications*. Macmillan.
Hodge C 1874 *What is Darwinism?* T. Nelson & Sons.
Butler S 1880 *Unconscious Memory*. David Bogue.
Kidd B 1894 *Social Evolution*. Macmillan.
Crook DP 1984 *Benjamin Kidd, Portrait of a Social Darwinist*. Cambridge Univ. Press.
住家正芳 2013 内村鑑三はベンジャミン・キッドをどう読んだか. *立命館産業社会論集* 48: 85–100.
宮本盛太郎, 関静雄 2000 *夏目漱石：思想の比較と未知の探究*. ミネルヴァ書房.
Huxley TH 1888 The struggle for existence in human society. *The Nineteenth Century* 22: 161–180.
Weismann A 1883 *Über die Vererbung. Ein Vortrag*. Gustav Fischer.
Doyle C 1912 *The Lost World*. Hodder & Stoughton.
Darwin C 1873 Letter to ER Lankester. 15 Apr.
Milner R 2002 Huxley's bulldog: The battles of E. Ray Lankester (1846–1929). *The Anatomical Record* 257: 90–95.
Lankester ER 1880 *Degeneration: A Chapter in Darwinism*. Macmillan.
Lester JE 1995 *Ray Lankester: the Making of Modern British Biology*. BSHS Monograp.
Wells HG 1895 *The Time Machine*. Ben Hardy.
Barnett R 2006 Education or degeneration: E. Ray Lankester, H. G. Wells and the outline of history. *Stud. Hist. Philos. Biol. Biomed. Sci.* 37: 203–229.
McLean S 2009 *The Early Fiction of H. G. Wells: Fantasies of Science*. Macmillan.
Gomel E 2009 Shapes of the past and the future: Darwin and the narratology of time travel. *Narrative* 17: 334–352.
Wells HG 1933 *The Scientific Romances of H. G. Wells*. V. Gollancz.

第四章

Darwin Correspondence Project. The evolution of a misquotation (online) https://www.darwinproject.ac.uk/people/about-darwin/six-things-darwin-never-said/evolution-misquotation
Megginson LC 1963 Lessons from Europe for American business. *Southwestern Social Science Quarterly* 44: 3–13.
Megginson LC 1964 Key to competition is management. *Petroleum Management* 36: 91–95.
クロポトキン 1917 *相互扶助論：進化の一要素*, 大杉栄 訳, 春陽堂.
Kropotkin P 1902 *Mutual Aid: A Factor of Evolution*. McClure, Philips & Co.
人事院公務員研修所 若手行政官への推薦図書 (online) https://www.jinji.go.jp/kensyusyo/books/books.html
Lankester ER 1876 Letter to The Times. 16 Sep.
Milner R 1996 Charles Darwin and associates, ghostbusters. *Scientific American* 75: 96–101.

Bowler PJ 2014 Herbert Spencer and Lamarckism. In: Francis M, Taylor MW eds. *Herbert Spencer, Legacies*. pp. 203–221. Routledge.
Bowler PJ 2009 Darwin's originality. *Science* 323: 223–226.
Spencer H 1882 *Recent Discussions in Science, Philosophy, and Morals* (2nd ed.). D. Appleton.
Taylor MW 1992 *Men versus the State: Herbert Spencer and Late Victorian Liberalism*. Oxford Univ. Press.
Taylor MW 2007 *The Philosophy of Herbert Spencer*. Continuum.
Turner S 2003 Cause, teleology, and method. In: Porter TM, Ross D eds. *The Cambridge History of Science Vol. 7: The Modern Social Sciences*, pp. 57–70. Cambridge Univ. Press.
Spencer H 1860 *Intellectual, Moral, and Physical*. D. Appleton.
Spencer H 1857 Progress: Its law and causes, *The Westminster Review* 67: 445–447, 451, 454–456, 464–465.
Spencer H 1876 *The Principles of Sociology 1*. Williams & Norgate.
Spencer H 1885 *The Principles of Sociology 2*. D. Appleton.
Spencer H 1896 *The Principles of Sociology 3*.
Spencer H 1901 *Essays Scientific, Political and Speculative*. Vol. 2. D. Appleton.
Spencer H 1884 *The Man versus the State*. Williams & Norgate.
Spencer H 1851 Id.
Hale PJ 2014 *Political Descent: Malthus, Mutualism, and the Politics of Evolution in Victorian England*. Univ. Chicago Press.
Francis M 2007 *Herbert Spencer and the Invention of Modern Life*. Cornell Univ. Press.
Spencer H 1843 *The Proper Sphere of Government*. W. Brittain.
Huxley TH 1870 *Biogenesis and Abiogenesis. Collected Essays*, vol. 8. D. Appleton.
長谷川精一 1995 森有礼のスペンサー理解, *相愛女子短期大学研究論集* 42: 37–54.
山下重一 1983 *スペンサーと日本近代*. 御茶の水書房.
山下重一 1999 スペンサーと明治日本. *英学史研究* 31: 43–54.
The Pall Mall Gazette 1884 26 Feb.

第三章

Darwin C 1859 Id.
Freeman RB 1977 *The Works of Charles Darwin* (2nd ed.). Archon Books.
Secord JA 2000 *Victorian Sensation: The Extraordinary Publication, Reception, and Secret Authorship of Vestiges of the Natural History of Creation*. Univ. Chicago Press.
Lightman B 2007 *Victorian Popularizers of Science: Designing Nature for New Audiences*. Univ. Chicago Press.
Huxley TH 1859 Darwin on the origin of species. *The Times* 26 Dec.
Darwin C 1864 Letter to TH Huxley. 5 Nov.
Ellegard A 1990 *Darwin and the General Reader: the Reception of Darwin's Theory of Evolution in the British Periodical Press, 1859–1872*. Univ. Chicago Press.
Grant RE 1826 Observations on the nature and importance of geology. *Edinburgh New Phil. J.* 1: 293–302.
Costa JT 2017 *Darwin's Backyard: How Small Experiments Led to a Big Theory*. W. W. Norton.
Chambers R (Secord JA ed.) 1994 *Vestiges of the Natural History of Creation and Other Evolutionary Writings*. Univ. Chicago Press.
Owen R 1849 *On the Nature of Limbs*. J. van Voorst.

Ghiselin M 1995 Perspective: Darwin, progress, and economic principles. *Evolution* 49: 1029–1037.
Smith A 1763 An early draft of part of the wealth of nations. In: Scott WR 1937 *Adam Smith as Student and Professor*, pp. 322–356. Johnson, Son & Co.
Malthus T 2007 *An Essay on the Principle of Population*. Cosimo, Inc.
Darwin C 1868 *The Variation of Animals and Plants under Domestication*. J. Murray.
Darwin C 1871 *The Descent of Man, and Selection in Relation to Sex*. J. Murray.
Williams GC 1966 *Adaptation and Natural Selection: A Critique of Some Current Evolutionary Thought*. Princeton Univ. Press.（辻和希 訳 適応と自然選択 共立出版）
Sober E, Wilson DS 1998 *Unto Others: The Evolution and Psychology of Unselfish Behavior*. Harvard Univ. Press.
Okasha S 2006 *Evolution and the Levels of Selection*. Oxford Univ. Press.
Goodnight CJ 2005 Multilevel selection: the evolution of cooperation in non-kin groups. *Population Ecology* 47: 3–12.
Traulsen A, Nowak MA 2006 Evolution of cooperation by multilevel selection. *Proc. Natl. Acad. Sci. USA* 103: 10952–10955.
Nowak MA, Tarnita CE, Wilson EO 2010 The evolution of eusociality. *Nature* 466: 1057–1062.
West SA, Griffin AS, Gardner A 2007 Social semantics: how useful has group selection been? *J. Evol. Biol.* 21: 374–385.
Abbot P et al. 2011 Inclusive fitness theory and eusociality. *Nature* 466: 1057–1062.
Okasha S 2016 the relation between kin and multilevel selection: an approach using causal graphs. *Brit. J. Phil. Sci.* 67: 435–470.
Czégel D, Zachar I, Szathmáry E 2019 Multilevel selection as Bayesian inference, major transitions in individuality as structure learning. *R. Soc. Open Sci.* 6: 190–202.
Hermsen R 2022 Emergent multilevel selection in a simple spatial model of the evolution of altruism. *PLoS Comput. Biol.* 18: e1010612.
Ciprian J 2018 *Multilevel Selection and the Theory of Evolution: Historical and Conceptual Issues*. Birkhauser Verlag.

第二章

Harari YN 2017 *Homo Deus: A Brief History of Tomorrow*. Harper.
チャーレス・ダーヰン 1896 *生物始源 一名種源論*, 立花銑三郎 訳, 経済雑誌社.
チャーレス・ダーウィン 1905 *種之起原 生存競争適者生存の原理*, 東京開成館 訳, 東京開成館.
Spencer H 1864 Id.
Gould SJ 1977 *Ever Since Darwin, Reflections in Natural History*. W. W. Norton.
Darwin C 1868 Id.
Richards RJ 2013 The relation of Spencer's evolutionary theory to Darwin's. In: Richards RJ ed. *Was Hitler a Darwinian? Disputed Questions in the History of Evolutionary Theory*. pp. 116–134. Univ. Chicago Press.
Wallace A 1866 Letter to C Darwin, 2 Jul. In: Marchan J 1916 *Alfred Russel Wallace: Letters and Reminiscences*. Harper.
Darwin C 1866 Letter to A Wallace, 5 Jul.
Darwin C 1869 *On the Origin of Species by Means of Natural Selection, or the Preservation of Favoured Races in the Struggle for Life* (5th ed.). J. Murray.
Huxley TH, Huxley L 1901 *Life and Letters of Thomas Henry Huxley 2*. D. Appleton.
Paul DB 1988 The selection of the "survival of the fittest". *J. Hist. Biol.* 21: 411–424.
高校教科書 倫理 2022 東京書籍.

参考文献

はじめに・第一章

駒井卓 1948 *日本の資料を主とした生物進化学*. 黎明叢書.

Dobzhansky T 1973 Nothing in biology makes sense except in the light of evolution. *The American Biology Teacher* 35: 125–129.

Darwin C 1859 *On the Origin of Species by Means of Natural Selection, or, the Preservation of Favoured Races in the Struggle for Life*. J. Murray.

Darwin C 1837 Notebook B-74.

Darwin C 1844 Letter to JD Hooker, Jan. 11.

Lyell C 1832 *Principles of Geology, Being an Attempt to Explain the Former Changes of the Earth's Surface, by Reference to Causes Now in Operation*, 2. J. Murray.

Darwin C, Wallace A 1858 On the tendency of species to form varieties; and on the perpetuation of varieties and species by natural means of selection. *J. Proc. Linn. Soc. Lond. Zool.* 3: 45–62.

Palgrave F 1837 *Truths and Fictions of the Middle Ages. The Merchant and the Friar*. J. W. Parker.

Anonymous 1670 Review of Historia insectorum generalis, ofte algemeene verhandeling van de bloedeloose dierkens. *Phil. Trans. R. Soc.* 5: 2078.

Bonnet C 1760 *Considérations sur les Corps Organisés*. M. M. Rey.

Mayr E 1982 *The Growth of Biological Thought*. Harvard Univ. Press.

Buffon GL 1749–1788, *Histoire Naturelle, Générale et Particulière, Avec la Description du Cabinet du Roi*. Tome Neuvieme. L'Imprimerie Royale.

Jefferson T 1785 *Notes on the State of Virginia*. Penguin Press.

Dugatkin LA 2019 Jefferson and the theory of New World degeneracy. *Evo. Edu. Outreach* 12: 15.

Kant I 1777 *Von der verschiedenen Rassen der Menschen* (translated by Mikkelsen JM). In: EC Eze ed. 1997 *Race and the Enlightenment: A Reader*, Wiley-Blackwell.

Lamarck JB 1809 *Philosophie Zoologique*. Dentu.

Cuvier G 1817 *Essay on the Theory of the Earth* (3rd ed.). W. Blackwood.

Brown FB 1986 The evolution of Darwin's theism. *J. Hist. Biol.* 19: 1–45.

Elliott P 2003 Erasmus Darwin, Herbert Spencer, and the origins of the evolutionary worldview in British provincial scientific culture 1770–1850. *Isis* 94: 1–29.

Darwin E 1791 *The Botanic Garden*. J. Johnson.

Chambers R 1844 *Vestiges of the Natural History of Creation*. John Churchill.

Spencer H 1851 *Social Statics: Or the Conditions Essential to Human Happiness Specified, and the First of Them Developed*. Chapman.

Spencer H 1855 *The Principles of Psychology*. Longman.

Spencer H 1862 *First Principles*. Williams & Norgate.

Spencer H 1864 *The Principles of Biology*. Williams & Norgate.

Bowler PJ 1992 Darwinism and Victorian values: Threat or opportunity? *Proceedings of the British Academy* 78: 129–147.

Harrison E 1985 *Masks of the Universe*. Macmillan.

Ruse M 2017 *Darwinism as Religion: What Literature Tells Us about Evolution*. Oxford Univ. Press.

Gould SJ 1993 *Eight Little Piggies*. W. W. Norton.

Darwin C 1831 Letter to R. W. Darwin 31 Aug.

Wedgwood II J 1831 Letter to R. W. Darwin 31 Aug.

Keynes RD ed. 1988 *Charles Darwin's Beagle Diary*. Cambridge Univ. Press.

講談社現代新書　2727

ダーウィンの呪《のろ》い

二〇二三年一一月二〇日第一刷発行　二〇二四年一月二五日第三刷発行

著者　千葉《ちば》聡《さとし》　© Satoshi Chiba 2023

発行者　森田浩章

発行所　株式会社講談社
東京都文京区音羽二丁目一二—二一　郵便番号一一二—八〇〇一
電話　〇三—五三九五—三五二一　編集（現代新書）
〇三—五三九五—四四一五　販売
〇三—五三九五—三六一五　業務

装幀者　中島英樹／中島デザイン

印刷所　株式会社KPSプロダクツ

製本所　株式会社国宝社

定価はカバーに表示してあります　Printed in Japan

本書のコピー、スキャン、デジタル化等の無断複製は著作権法上での例外を除き禁じられています。本書を代行業者等の第三者に依頼してスキャンやデジタル化することは、たとえ個人や家庭内の利用でも著作権法違反です。Ⓡ〈日本複製権センター委託出版物〉

複写を希望される場合は、日本複製権センター（電話〇三—六八〇九—一二八一）にご連絡ください。

落丁本・乱丁本は購入書店名を明記のうえ、小社業務あてにお送りください。

送料小社負担にてお取り替えいたします。

なお、この本についてのお問い合わせは、「現代新書」あてにお願いいたします。

N.D.C. 467　342p　18cm
ISBN978-4-06-533691-5

「講談社現代新書」の刊行にあたって

教養は万人が身をもって養い創造すべきものであって、一部の専門家の占有物として、ただ一方的に人々の手もとに配布され伝達されうるものではありません。

しかし、不幸にしてわが国の現状では、教養の重要な養いとなるべき書物は、ほとんど講壇からの天下りや単なる解説に終始し、知識技術を真剣に希求する青少年・学生・一般民衆の根本的な疑問や興味は、けっして十分に答えられ、解きほぐされ、手引きされることがありません。万人の内奥から発した真正の教養への芽ばえが、こうして放置され、むなしく滅びさる運命にゆだねられているのです。

このことは、中・高校だけで教育をおわる人々の成長をはばんでいるだけでなく、大学に進んだり、インテリと目されたりする人々の精神力の健康さえもむしばみ、わが国の文化の実質をまことに脆弱なものにしています。単なる博識以上の根強い思索力・判断力、および確かな技術にささえられた教養を必要とする日本の将来にとって、これは真剣に憂慮されなければならない事態であるといわなければなりません。

わたしたちの「講談社現代新書」は、この事態の克服を意図して計画されたものです。これによってわたしたちは、講壇からの天下りでもなく、単なる解説書でもない、もっぱら万人の魂に生ずる初発的かつ根本的な問題をとらえ、掘り起こし、手引きし、しかも最新の知識への展望を万人に確立させる書物を、新しく世の中に送り出したいと念願しています。

わたしたちは、創業以来民衆を対象とする啓蒙の仕事に専心してきた講談社にとって、これこそもっともふさわしい課題であり、伝統ある出版社としての義務でもあると考えているのです。

一九六四年四月　野間省一

哲学・思想Ⅰ

哲学・思想Ⅱ

世界の言語・文化・地理

世界史I

世界史Ⅱ

自然科学・医学

K

心理・精神医学

331 異常の構造——木村敏
590 家族関係を考える——河合隼雄
725 リーダーシップの心理学——国分康孝
824 森田療法——岩井寛
1011 自己変革の心理学——伊藤順康
1020 アイデンティティの心理学 鑪幹八郎
1044 〈自己発見〉の心理学 国分康孝
1241 心のメッセージを聴く 池見陽
1289 軽症うつ病——笠原嘉
1348 自殺の心理学——高橋祥友
1372 〈むなしさ〉の心理学 諸富祥彦
1376 子どものトラウマ——西澤哲
1465 トランスパーソナル心理学入門——諸富祥彦
1787 人生に意味はあるか 諸富祥彦
1827 他人を見下す若者たち 速水敏彦
1922 発達障害の子どもたち——杉山登志郎
1962 親子という病——香山リカ
1984 いじめの構造——内藤朝雄
2008 関係する女 所有する男——斎藤環
2030 がんを生きる——佐々木常雄
2044 母親はなぜ生きづらいか——香山リカ
2062 人間関係のレッスン 向後善之
2076 子ども虐待——西澤哲
2085 言葉と脳と心——山鳥重
2105 はじめての認知療法——大野裕
2116 発達障害のいま——杉山登志郎
2119 動きが心をつくる——春木豊
2143 アサーション入門——平木典子
2180 パーソナリティ障害とは何か——牛島定信
2231 精神医療ダークサイド 佐藤光展
2344 ヒトの本性——川合伸幸
2347 信頼学の教室——中谷内一也
2349 「脳疲労」社会——徳永雄一郎
2385 はじめての森田療法 北西憲二
2415 新版 うつ病をなおす 野村総一郎
2444 怒りを鎮める うまく謝る 川合伸幸

知的生活のヒント

M